SHIPING ZHUANYE

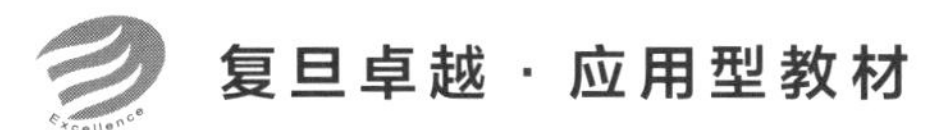

复旦卓越·应用型教材

JICHU SHIYAN

食品专业基础实验

范　俐／主　编

復旦大學出版社

前言 Preface

教育部、发改委和财政部《关于引导部分地方普通本科高校向应用型转变的指导意见》(教发〔2015〕7号)对转型发展提出明确的要求,应用型课程建设是转型发展的"深水区",编写应用型教材成为当务之急。以往按学科逻辑编写教材,各自独立,造成"课程孤岛",学科型教材已不适应当前培养应用性复合型人才的需要。为了加强各学科之间联系,打破"课程孤岛",编写模块化、项目化的应用型教材就显得十分重要。

食品专业是多学科融合的专业,食品科学、营养学、微生物学、分析化学、生物化学、工程学和公共管理学等学科知识技能在食品专业中交叉融合,综合应用,如何将分散在各学科的知识技能综合应用,编写出跨学科综合性应用型教材,有利于食品专业师生教学与使用,就成为高校应用转型改革的迫切任务,也是本书编写出发点和目的。

本教材分为食品生物化学实验、食品化学实验、食品原料学实验、食品微生物学实验等4个模块,共35个实验。由范俐老师编写实验一、三、七、八、二十三至三十五等17个实验;于立志老师编写实验二、四、五、六、九等5个实验;孙辉老师编写实验十四、十五、十六等3个实验;张婷婷老师编写实验十至十三、十七、十八等6个实验;赵泰霞老师编写实验十九至二十二等4个实验;范俐老师任主编兼统稿。

圣农集团、长富乳业有限公司为此书提供大力支持,在此致以诚挚的谢意。由于编者的学识水平,难免存有不当之处,诚望读者赐教指正,提出宝贵意见。

编　者

2019年12月

目 录 Contents >>

模块一

SHIPIN ZHUANYE JICHU SHIYAN

食品生物化学实验

实验一　糖类的颜色反应与还原性鉴定

一、实验目的

1. 了解糖类鉴定的莫氏(Molisch)反应、塞氏(Seliwanoff)反应的原理。

2. 学会应用莫氏反应、塞氏反应鉴别糖类的方法。

3. 了解斐林(Fehling)反应、班氏(Benedict)反应的原理。

4. 学会应用斐林反应、班氏反应鉴别还原糖的方法。

二、实验原理及应用

1. 莫氏反应。

单糖在浓无机酸(浓硫酸或浓盐酸)作用下,失三分子水,生成具有呋喃环结构的糠醛类化合物。多糖则在浓酸存在下先水解成单糖,再脱水生成同样的产物。由五碳糖生成的是糠醛(R=H,又称呋喃甲醛),甲基五碳糖生成的是5-甲基糠醛(R=Me),六碳糖生成的是5-羟甲基糠醛(R=CH_2OH),如下图1-1。

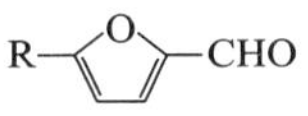

R—(呋喃环)—CHO

五碳糖⟶糠醛(R=H)

甲基五碳糖⟶5-甲基糠醛(R=Me)

六碳糖⟶5-羟甲基糠醛(R=CH_2OH)

图1-1　糠醛及衍生物通式

糖类经浓无机酸(浓硫酸或浓盐酸)脱水产生糠醛或糠醛衍生物,与α-萘酚生成紫红色缩合物,在糖液面与浓酸液面交界处出现紫色环,因此又称"紫环反应"或"α-萘酚反应",莫氏(Molisch)反应式见图1-2,此法为鉴定糖类的最常用方法。莫氏反应为阴性则确定样品

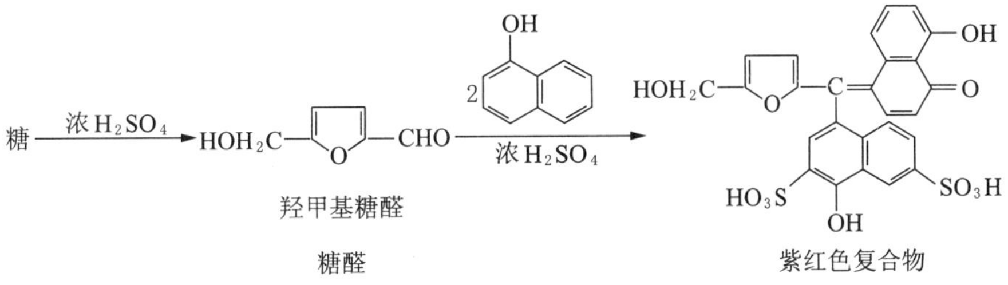

糖 $\xrightarrow{浓H_2SO_4}$ HOH_2C—(呋喃环)—CHO $\xrightarrow{浓H_2SO_4}$(2 α-萘酚,OH) 紫红色复合物(HOH_2C, OH, O, HO_3S, SO_3H, OH)

羟甲基糖醛

糖醛

紫红色复合物

图1-2　莫氏反应式

中无糖存在，如果为阳性仅能说明样品中含有游离糖或者结合糖，却不能判定是苷类还是游离糖或其他形式的糖，一些非糖物质(如糖醛、糖醛酸、丙酮、甲酸、草酸、没食子酸、苯三酚等)皆呈阳性反应。莫氏反应可应用于鉴定单糖、双糖和多糖等糖类的鉴定。

2. 塞氏反应。

酮糖在浓酸的作用下，脱水生成5-羟甲基糠醛，与间苯二酚作用生成鲜红色反应，又称“间苯二酚反应”；有时亦同时产生棕色沉淀，沉淀物溶于乙醇，形成鲜红色溶液(阳性)。塞氏(Seliwanoff)颜色反应为酮糖的特异反应，可用于鉴别酮糖。醛糖在同等条件下呈色反应缓慢，只有在糖浓度较高或煮沸时间较长时，才呈微弱阳性(淡红色)反应。在同样实验条件下蔗糖有可能水解呈阳性反应。

3. 斐林反应。

斐林试剂(Fehling's solution)是德国化学家赫尔曼·冯·斐林(Hermann von Fehling)在1849年发明的，常用于鉴定可溶性的还原性糖的存在。斐林试剂与单糖中的还原性糖(葡萄糖、果糖等)反应生成砖红色沉淀。

斐林试剂为深蓝色溶液，由NaOH、$CuSO_4$和酒石酸钾钠配制而成的，其本质是新配制的氢氧化铜。斐林试剂中二价铜离子，可以被脂肪醛或还原性糖还原为砖红色氧化亚铜沉淀，见图1-3。在氧化亚铜析出过程中，反应液的颜色可能经过由蓝色→绿色→黄色→红色沉淀的逐渐变化，反应较快时，直接观察到红色沉淀。

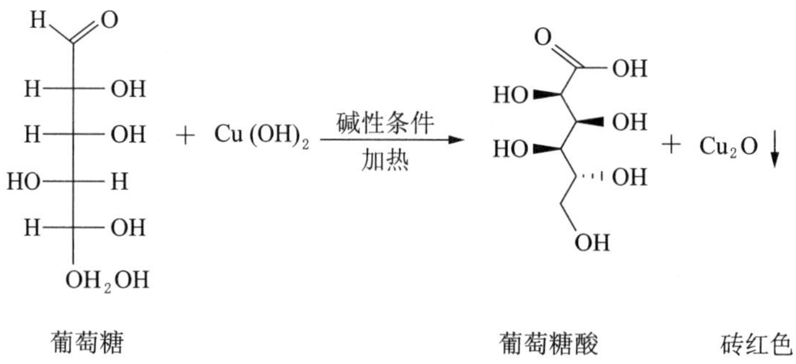

葡萄糖 + $Cu(OH)_2$ $\xrightarrow[\text{加热}]{\text{碱性条件}}$ 葡萄糖酸 + $Cu_2O\downarrow$（砖红色）

图1-3　葡萄糖斐林反应

4. 班氏反应。

班氏(Benedict)试剂是美国著名的化学家史丹利·罗斯特·本尼迪特(Stanley Rossiter Benedict)发明的试剂，所以又称本尼迪特试剂。班氏试剂是斐林试剂的改良试剂，由硫酸铜、柠檬酸钠和无水碳酸钠配置成的蓝色溶液，试剂中$Cu(OH)_2$与还原性醛或醛(酮)糖在沸水浴加热条件下生成Cu_2O砖红色沉淀。班氏试剂可以存放备用，避免了斐林溶液必须现配现用的缺点。

三、器材与试剂

1. 器材。

(1) 试管及试管架。

(2) 吸量管。

(3) 滴管。

(4) 水浴锅。

(5) 棉花。

(6) 滤纸。

(7) 试管夹。

2. 试剂。

(1) 莫氏试剂:称取 α-萘酚 5 g,溶于 95%酒精中并定容至 100 mL。此试剂需新鲜配制,并储存于棕色瓶中。

(2) 塞氏试剂:将 50 mg 间苯二酚溶于 100 mL 浓盐酸(H_2O ∶ HCl=2 ∶ 1, V/V)中,临用时配制。

(3) 1%蔗糖溶液:称取蔗糖 1 g,溶于 100 mL 蒸馏水。

(4) 1%葡萄糖溶液:称取葡萄糖 1 g,溶于 100 mL 蒸馏水。

(5) 1%果糖溶液:称取果糖 1 g,溶于 100 mL 蒸馏水。

(6) 1%淀粉溶液:将 1 g 可溶性淀粉与少量蒸馏水混合成浆状物,然后缓缓加入沸蒸馏水中,边加边搅,最后用沸蒸馏水稀释至 100 mL。

(7) 1%麦芽糖溶液:称取麦芽糖 1 g,溶于 100 mL 蒸馏水。

(8) 1%糠醛溶液:吸取 1 mL 糠醛至 100 mL 容量瓶中,用蒸馏水稀释至刻度。

(9) 斐林试剂。

① 甲液(硫酸铜溶液):称取 34.5 g $CuSO_4$ 溶于 500 mL 蒸馏水中。

② 乙液(碱性酒石酸盐溶液):称取 125 g NaOH 和 137 g 酒石酸钾钠溶于 500 mL 蒸馏水中。

(10) 班氏试剂:称取柠檬酸钠 173 g 及碳酸钠($Na_2CO_3 \cdot H_2O$)100 g 加入 600 mL 蒸馏水中,加热使其溶解,冷却,稀释至 850 mL。另称取 17.4 g $CuSO_4$ 溶于 100 mL 热蒸馏水中,冷却,稀释至 150 mL。最后,将 $CuSO_4$ 溶液徐徐加入柠檬酸钠-碳酸钠溶液中,边加边搅拌,混匀,如有沉淀,过滤后贮存于试剂瓶中可长期使用。

四、实验操作

1. 莫氏反应。

(1) 在 5 支试管中,分别加入 1%葡萄糖、1%蔗糖、1%果糖、1%淀粉和 1%糠醛溶液各

1.5 mL。

(2) 然后分别加入莫氏试剂 2 滴，充分摇匀混合。

(3) 再将试管倾斜，沿试管壁缓缓加入浓硫酸 1 mL，缓缓立直试管，切勿摇动，硫酸沉于试管底部与糖溶液分成两层。

(4) 观察二液交界处有无紫红色环出现，记录各管颜色反应现象与时间顺序，见表 1-1。

表 1-1　莫氏颜色反应记录表

试　剂	颜色反应现象	开始产生现象的时间(min)
1%蔗糖		
1%葡萄糖		
1%果糖		
1%淀粉		
1%糠醛		

2. 塞氏反应。

(1) 在 3 支试管中分别加入 1%果糖溶液、1%葡萄糖溶液、1%蔗糖溶液 0.5 mL。

(2) 然后分别加入塞氏试剂 5 mL，充分摇匀混合。

(3) 将 3 支试管同时置于沸水浴内，记录各管颜色变化及红色出现的时间顺序，见表 1-2。

表 1-2　塞氏颜色反应记录表

试　剂	颜色反应现象	开始产生现象的时间(min)
1%蔗糖		
1%葡萄糖		
1%果糖		

3. 斐林反应。

(1) 取 5 支试管，分别加入斐林试剂甲液和乙液各 1 mL，混匀。

(2) 再分别加入 1%葡萄糖溶液、1%蔗糖溶液、1%果糖溶液、1%麦芽糖溶液和 1%淀粉溶液各 1 mL。

(3) 置沸水浴中加热数分钟，取出，冷却，观察并记录各试管的颜色变化，见表 1-3。

表 1-3 斐林反应与班氏反应记录表

试　剂	斐林反应的颜色变化	班氏反应的颜色变化
1%葡萄糖		
1%蔗糖		
1%果糖		
1%麦芽糖		
1%淀粉		

4. 班氏反应。

(1) 取 5 支试管,分别加入 1%葡萄糖溶液、1%蔗糖溶液、1%果糖溶液、1%麦芽糖溶液和 1%淀粉溶液各 1 mL。

(2) 然后每支试管加班氏试剂 2 mL。

(3) 置沸水浴中加热数分钟,取出,冷却,观察并记录各管的颜色变化,见表 1-3。

五、思考题

1. 莫氏反应的原理是什么?
2. 应用何种方法鉴别酮糖的存在?
3. 比较 5 种糖的斐林反应与班氏反应结果,能否鉴别出还原糖?
4. 谈谈斐林试剂与班氏试剂的异同点及优缺点。

实验二 食品中还原糖和总糖的测定（3，5-二硝基水杨酸比色法）

一、实验目的

1. 了解3，5-二硝基水杨酸比色法测定还原糖和总糖的原理。

2. 掌握食品中还原糖和总糖测定的操作方法。

3. 根据食品的具体类型和特征，能够设计测定食品中还原糖和总糖的实验方案。

二、实验原理及应用

还原糖是指含游离醛基或酮基的单糖(如葡萄糖、果糖)和某些具有还原性的双糖(如麦芽糖、乳糖)。它们在碱性条件下，可变成非常活泼的烯二醇，此物质遇氧化剂时具有还原能力，本身被氧化成糖酸及其他物质。

黄色的3，5-二硝基水杨酸(DNS)试剂与还原糖在碱性条件下共热后，自身被还原为棕红色的3-氨基-5-硝基水杨酸，在一定范围内，反应液里棕红色深度与还原糖的含量成正比。在波长540 nm处测定溶液的吸光度，查标准曲线并计算，便可求得样品中还原糖的含量。

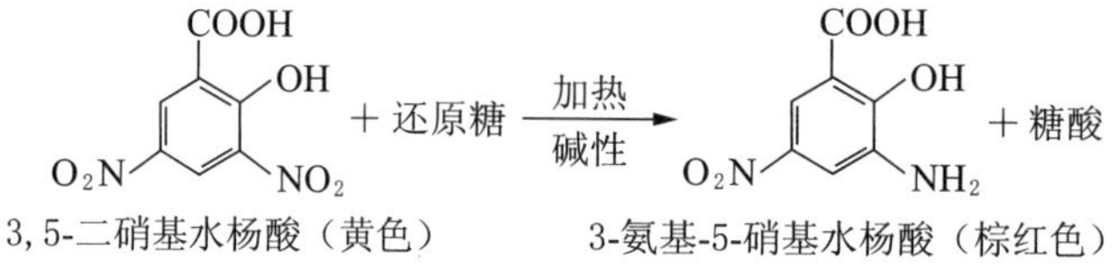

COOH, OH, O_2N, NO_2 + 还原糖 $\xrightarrow[\text{碱性}]{\text{加热}}$ COOH, OH, O_2N, NH_2 + 糖酸

3,5-二硝基水杨酸（黄色） 3-氨基-5-硝基水杨酸（棕红色）

图2-1 3，5-二硝基水杨酸比色法反应机理

非还原性的双糖(如蔗糖)以及多糖(如淀粉)，可用酸水解法彻底水解成单糖，再借助于测定还原糖的方法，可推算出总糖的含量。由于多糖水解时，在每个单糖残基上加了一分子水，因而在计算时，须扣除加入的水量，当样品里多糖含量远大于单糖含量时，则比色法测定所得总糖含量应乘以折算系数(1－18/180)＝0.9，即得比较接近实际样品总糖的含量。

3，5-二硝基水杨酸比色法可用于水产、果蔬、天然产物、淀粉及其制品中可溶性糖和还原糖的含量的测定。

三、器材与试剂

1. 器材。

(1) 刻度试管或血糖管(25 mL)。

(2) 离心机。

(3) 三角瓶(100 mL)。

(4) 容量瓶(100 mL)。

(5) 白瓷板。

(6) 分光光度计。

2. 试剂。

(1) 1 mg/mL 葡萄糖标准液:预先将分析纯葡萄糖置 80 ℃烘箱内约 12 h;精确称取 500 mg 于烧杯中,用蒸馏水溶解后,转移至 500 mL 容量瓶中,定容,摇匀,4 ℃冰箱中能保存备用。

(2) 3, 5-二硝基水杨酸溶液(DNS 试剂):称取 3, 5-二硝基水杨酸 5.0 g 溶于 200 mL 2 mol/L NaOH 溶液中(不宜高温促溶);再加入 500 mL 含 130 g 酒石酸钾钠的溶液,混匀;最后加入 5 g 结晶酚和 5 g 亚硫酸钠,搅拌溶解,定容至 1 000 mL,暗处保存。

(3) I-KI 溶液:称取 5 g 碘和 10 g 碘化钾,溶于 100 mL 蒸馏水中。

(4) 酚酞指示剂:称取 1 g 酚酞,溶于 95%乙醇中,并用 95%乙醇稀释至 100 mL。

(5) 6 mol/L HCl 和 6 mol/L NaOH。

3. 食品原料:面粉。

四、操作步骤

1. 样品中还原糖和总糖的提取。

(1) 样品中还原糖的提取。称取 3 g 面粉,标准记录实际重量(W_1),放入 100 mL 的烧杯中。用量筒取 50 mL 蒸馏水,先倒入烧杯中少量蒸馏水(约 5 mL),调成糊状,再加完水,搅匀。置 50 ℃恒温水浴锅保温 20 min,使面粉中的还原糖充分浸出,溶于水中。将烧杯中的面粉糊搅起,转入离心管中。取 20 mL 水分两次洗烧杯中的残渣,并入离心管中。每组离心管在天平上平衡,放入离心机,转速为 3 000 rpm(转/分钟)。离心 10 min 后,将上清液转入 100 mL 容量瓶(A)中,定容至刻度,混匀。(A)溶液作为还原糖待测液备用。

(2) 样品中总糖的提取。称取 1 g 面粉,标准记录实际重量(W_2)。放入 100 mL 三角瓶中,先加入 15 mL 蒸馏水,再加入 10 mL 6 mol/L HCl,搅匀置沸水浴水解 30 min。用玻棒取一滴水解液于白瓷板上,加一滴 I-KI 溶液,检查淀粉水解程度。如已水解完全,则不显蓝色,可以取出沸水浴中的三角瓶,冷却,加一滴酚酞指示剂,以 6 mol/L NaOH 滴加至微红色。将溶液转移至 100 mL 容量瓶(B_1)中,稀释定容,混匀,过滤(注:滤纸不能用蒸馏水湿润)。精确吸取滤液 10 mL,移入另一个 100 mL 容量瓶(B_2)中,稀释定容,混匀。(B_2)液作为总糖待测液备用。

2. 标准葡萄糖浓度梯度和样品待测液的测定。

取 10 支 25 mL 刻度试管,从 0—9 编号,按表 2-1 顺序操作并填写实验数据。

表 2-1　3, 5-二硝基水杨酸比色法实验数据记录表

	空白	标准葡萄糖浓度梯度					还原糖		总糖	
管号	0	1	2	3	4	5	6	7	8	9
1 mg/mL 葡萄糖标准液(mL)	0	0.2	0.4	0.6	0.8	1.0				
样品待测液(mL)							1.0	1.0	1.0	1.0
蒸馏水(mL)	2.0	1.8	1.6	1.4	1.2	1.0			1.0	1.0
DNS 试剂(mL)	2	2	2	2	2	2	2	2	2	2
加热	同时在沸水浴加热 5 min 取出(准确)									
冷却	立即用冷水冷却至室温									
定容	用蒸馏水定容至 10 mL									
摇匀	塞紧试管口,颠倒混匀									
吸光度($A_{540\ nm}$)										
							$\overline{A}_1=$		$\overline{A}_2=$	
含糖量(mg)	0	0.2	0.4	0.6	0.8	1.0				

3. 结果与计算。

(1) 绘制葡萄糖标准曲线。以葡萄糖含量(mg)为横坐标,以吸光度为纵坐标,在方格坐标纸上画出一条经过或接近 0—5 号点的直线,即标准葡萄糖的浓度梯度曲线。

(2) 样品待测液含糖量查找。还原糖含量查找:先求出还原糖待测液平均吸光度 $\overline{A}_1=(A_6+A_7)/2$,填入表中,再从标准曲线上用虚线引出相应的还原糖含量。

总糖含量查找:同理,求出 $\overline{A}_2=(A_8+A_9)/2$,再从标准曲线上查得总糖含量。

(3) 计算。

$$还原糖含量(\%)=[(葡萄糖质量\ mg\times稀释倍数)/样品质量\ mg]\times100 \tag{2-1}$$

$$总糖含量(\%)=[(水解后还原糖质量\ mg\times稀释倍数)/样品质量\ mg]\times100 \tag{2-2}$$

五、思考题

1. 在被测样品中,还原糖可能是哪些糖?总糖包括哪些糖?

2. 在样品总糖提取时,为什么要用浓 HCl 处理?而在其测定前,又为何要用 NaOH 中和?

3. 标准葡萄糖浓度梯度和样品含糖量的测定为什么要同步进行?比色时,设一个 0 号管的意义是什么?

实验三 蛋白质与氨基酸的颜色反应

一、实验目的

1. 了解蛋白质与氨基酸颜色反应的原理。

2. 学会应用双缩脲反应(Biuret reaction)、茚三酮反应(Ninhydrin reaction)、黄蛋白反应(Xanthoprotein reaction)和乙醛酸反应(Glyoxylic acid reaction)等颜色反应鉴别蛋白质与氨基酸方法。

二、实验原理及应用

1. 双缩脲反应。

双缩脲反应是多肽和蛋白质所特有的,游离氨基酸无此颜色反应。多肽或蛋白质中有多个肽键(—CO—NH—),在碱性溶液中,肽键缩合形成的双缩脲(H_2N—CO—NH—CO—NH_2—)与二价铜离子反应生成紫色或者蓝紫色的络合物,如图 3-1 所示。肽链越长颜色越深,从粉红色至蓝紫色逐渐加深,颜色深浅与蛋白质含量关系在一定浓度范围内符合比尔定律,而与蛋白质的氨基酸组成及分子量无关,双缩脲反应可用于蛋白质定性与定量检测,可测定的范围为 1—10 mg 蛋白质,常用于不要求十分精准的蛋白质测定。如果借助分光光度计($\lambda=540$ nm),可减少检测误差。

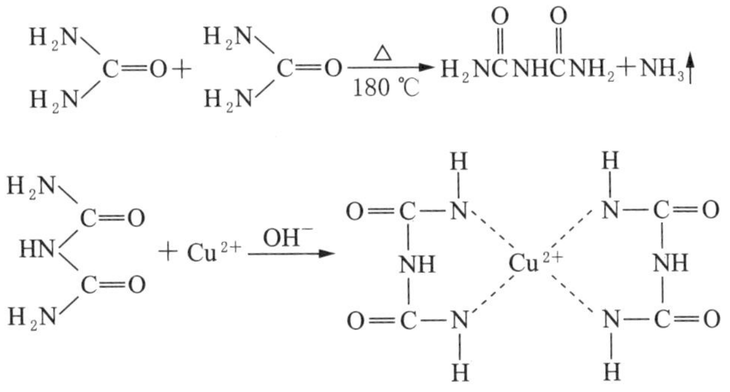

$$(H_2N)_2C{=}O + (H_2N)_2C{=}O \xrightarrow[180\ ^\circ C]{\triangle} H_2N\overset{O}{\overset{\|}{C}}NH\overset{O}{\overset{\|}{C}}NH_2 + NH_3\uparrow$$

$$H_2N\text{—}C(=O)\text{—}HN\text{—}C(=O)\text{—}NH_2 + Cu^{2+} \xrightarrow{OH^-} \begin{array}{ccccc} O{=}C\text{—}N(H) & & & & (H)N\text{—}C{=}O \\ | & \diagdown & & \diagup & | \\ NH & & Cu^{2+} & & NH \\ | & \diagup & & \diagdown & | \\ O{=}C\text{—}N(H) & & & & (H)N\text{—}C{=}O \end{array}$$

图 3-1 双缩脲反应过程

2. 茚三酮反应。

在碱性溶液中,所有的 α-氨基酸(除脯氨酸、羟脯氨酸和茚三酮反应生成黄色物质外)及一切蛋白质都能与茚三酮反应生成蓝紫色物质。该反应过程(图 3-2)如下:

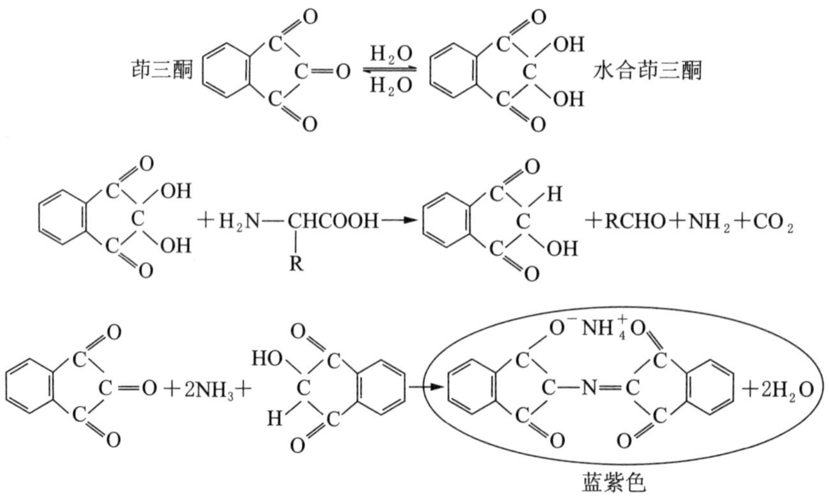

茚三酮 $\underset{H_2O}{\overset{H_2O}{\rightleftharpoons}}$ 水合茚三酮

$+H_2N—\underset{R}{CH}COOH \longrightarrow$ $+RCHO+NH_2+CO_2$

$+2NH_3+$ $\longrightarrow$ ($O^- NH_4^+ O$, C—N=C) $+2H_2O$

蓝紫色

图 3-2　茚三酮反应过程

(1) 水合茚三酮的形成。

(2) 氨基酸被氧化，产生 CO_2、NH_3 和醛，而水合茚三酮被还原成还原型茚三酮。

(3) 还原型茚三酮与另一个水合茚三酮分子和 2 分子 NH_3 缩合生成蓝紫色物质。此反应的适宜 pH 为 5—7，同一浓度的蛋白质或氨基酸不同 pH 条件下的颜色深浅不同，酸度过大时甚至不显色。该反应十分灵敏，1∶1 500 000 浓度的氨基酸水溶液即能显示反应，因此是一种常用的氨基酸定量检测方法。

3. 黄蛋白反应。

含有苯环侧链(苯丙氨酸、酪氨酸)的蛋白质溶液与浓硝酸共热时，硝酸对苯环发生硝化作用，生成黄色的芳香硝基化合物，使蛋白质发生变性，再加碱则变为橙黄色的硝醌酸钠，此反应称为黄蛋白反应。在蛋白质分子中酪氨酸和色氨酸残基易发生黄蛋白反应，皮肤、指甲、头发等遇浓硝酸变黄即为这一反应的结果。

4. 乙醛酸反应。

又名霍普金斯-科尔反应(Hopkins-Cole-reaction)，在浓硫酸存在下，色氨酸与乙醛酸反应生成紫红色物质，反应机理尚不清楚，可能是一分子乙醛酸与两分子色氨酸脱水缩合形成与靛蓝相似的物质。血清球蛋白含色氨酸残基的量较为稳定，故生化检验可用乙醛酸反应来定性测定球蛋白量。

三、器材与试剂

1. 器材。

(1) 试管及试管架。

(2) 水浴锅。

(3) 酒精灯。

(4) 10 mL 量筒。

(5) 滤纸片。

2. 试剂。

(1) 蛋白质溶液:取 5 mL 蛋清,用蒸馏水稀释至 100 mL,搅拌均匀后,用纱布过滤。

(2) 0.1%茚三酮乙醇溶液:称取 0.1 g 茚三酮,溶于 100 mL 95%乙醇。临用前配制。

(3) 1%硫酸铜溶液。

(4) 10%氢氧化钠溶液。

(5) 20%氢氧化钠溶液。

(6) 0.5%苯酚溶液。

(7) 浓硝酸(A.R.)。

(8) 浓硫酸(A.R.)。

(9) 0.1%茚三酮水溶液。

(10) 0.5%甘氨酸。

(11) 冰醋酸。

(12) 20%明胶溶液。

(13) 尿素粉末。

四、实验操作

1. 双缩脲反应。

(1) 取少量尿素结晶,放入干燥试管中,用酒精灯微火加热使尿素熔化。熔化的尿素开始硬化时,停止加热,尿素放出氨,形成双缩脲。冷却后,加 10% NaOH 溶液约 1 mL,振荡混匀,再加入 1% $CuSO_4$ 溶液 1 滴,振荡之,观察颜色变化并记录结果。(避免添加过量硫酸铜,因为易生成蓝色的氢氧化铜)

(2) 取另一支试管,加 1 mL 卵清蛋白溶液和 10%氢氧化钠溶液 2 mL,摇匀,再加 1%硫酸铜溶液两滴,随加随摇,观察颜色变化并记录结果。

2. 茚三酮反应。

(1) 取 2 支试管分别加入蛋白质溶液和 0.5%甘氨酸溶液 1 mL,再加 0.5 mL 0.1%茚三酮水溶液混匀,在沸水浴中加热 1—2 min,观察颜色变化。

(2) 在一小片滤纸上滴上一滴 0.5%的甘氨酸溶液,风干后,再在原处滴 0.1%的茚三酮乙醇溶液一滴,在酒精灯微火旁烘干显色,观察颜色变化并记录结果。

3. 黄蛋白反应。

(1) 取一支试管加 4 滴 0.5%苯酚溶液,再加浓硝酸 2 滴,观察黄色出现,冷却后逐滴加入10%氢氧化钠溶液,观察颜色变化并记录结果。

(2) 取一支试管加蛋白质溶液4滴及浓硝酸2滴,由于强酸的作用,开始蛋白质形成白色沉淀,小火加热,则沉淀变为黄色,冷却之,逐滴加入10%氢氧化钠溶液,观察颜色变化并记录结果。

(3) 剪少许指甲或头发放入试管中,加入数滴浓硝酸,观察颜色变化并记录结果。

4. 乙醛酸反应。

(1) 取2支试管,分别向试管中加数滴蛋白质溶液与20%白明胶溶液。

(2) 分别向试管加入冰醋酸(常含有少量乙醛酸或醛类)约1 mL,混匀后倾斜试管,谨慎地沿着管壁加入浓硫酸约1 mL,使其重叠且勿摇动使二者混合。

(3) 静置后,观察在两液界面上是否出现色环,于水浴中微热,可加快色环形成。观察颜色变化并记录结果。

五、思考题

1. 如果蛋白质水解作用一直进行到双缩脲反应呈阴性结果,此时蛋白质水解程度如何?
2. 能否用茚三酮反应可靠地鉴定蛋白质的存在?
3. 白明胶的乙醛酸反应是阳性还是阴性,为什么?

实验四 纸层析法分离鉴定氨基酸

一、实验目的

1. 学习分配层析的原理。

2. 掌握氨基酸纸层析的操作技术。

二、实验原理及应用

层析法也叫色谱法，是一种物理分离方法，利用混合物中各组分的物理、化学性质的差异，使各组分分布在两个相中，其中一个相为固定相，另一个相为流动相。流动相流过固定相并使各组分以不同的速度移动从而达到分离的目的。

层析法是近代生物化学最常用的分析方法之一，运用这种方法可以分离性质极为相似而用一般化学方法难以分离的各种化合物，如各种氨基酸、核苷酸、糖、蛋白质等。层析法根据分离所依据的理化性质不同，可分为吸附层析、分配层析、离子交换层析等。

纸层析是生物化学上分离、鉴定氨基酸混合物的常用技术，可用于蛋白质的氨基酸成分的定性鉴定和定量测定；也是定性或定量测定多肽、核酸碱基、糖、有机酸、维生素、抗生素等物质的一种分离分析工具。纸层析属于分配层析法，利用不同物质在两个互不相溶的溶剂中，因分配系数不同而得到分离。纸层析以滤纸作为惰性支持物，滤纸纤维素上的羟基具有亲水性，能吸附一层水，把吸附在滤纸上的水作为固定相，展层用的有机溶剂为流动相。层析时，将样品在距离滤纸 2—3 cm 的某一处(原点)(图 4-1)，在密闭的容器中层析溶剂沿滤纸的一个方向反复抽提，由于混合氨基酸在两相中的分配系数不同，使不同的氨基酸分布在滤纸的不同位置上而得到分离。(一种物质在两种不相溶的溶剂中振荡时，它将在这两相中不均匀分配，当达到平衡时，这种物质在两种溶剂中的浓度之比为一个常数，即分配系数)。物质被分离后，层析点在图谱上的位置，即在纸上移动的速率用 Rf 表示。在一定条件下某种物质的 Rf 值是一个常数。Rf 值的大小与物质的结构、性质、溶剂系统、层析滤纸的质量和层析温度有关。

Rf＝原点到层析点中心的距离(X)÷原点到溶剂前沿的距离(Y)。

氨基酸是构成蛋白质的基本构件，也是重要的营养物质、功能物质和食品的呈味物质，在食品工业中，氨基酸的分析检测是重要技术之一。

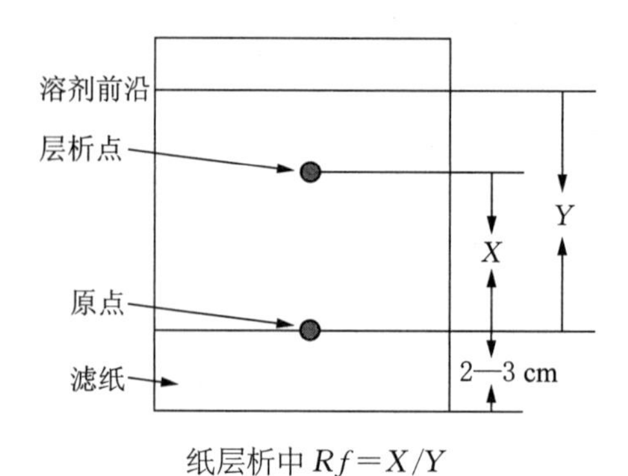

纸层析中 $Rf=X/Y$

图 4-1　纸层析原理示意图

三、器材与试剂

1. 器材。

(1) 层析缸。

(2) 点样毛细管。

(3) 喷雾器。

(4) 吹风机(或烘箱)。

(5) 层析滤纸(新华 1 号)。

(6) 直尺、铅笔、针线。

2. 试剂。

(1) 扩展剂:水饱和的正丁醇和乙酸的混合物。其中水为固定相,正丁醇为流动相,乙酸为层析提供酸性环境。

具体配制方法:将 20 mL 正丁醇和 5 mL 乙酸(4∶1)放入分液漏斗中,与 15 mL 蒸馏水混合(即所得混合液再按体积比 5∶3 与蒸馏水混合),充分振荡,静止后分层,放出下层水层,取漏斗内的扩展剂约 5 mL 置于小烧杯中做平衡剂,其余的倒入培养皿中备用。

(2) 氨基酸溶液:0.5%的赖氨酸、脯氨酸、缬氨酸、苯丙氨酸、亮氨酸溶液及它们的混合液(各组分的浓度均为 0.5%)。

(3) 显色剂:0.1%水合印三酮正丁醇溶液。

四、实验操作

1. 制备扩展剂并将盛有平衡溶剂的小烧杯置于密闭的层析缸中。

2. 准备滤纸。取层析滤纸(长 22 cm,宽 14 cm)一张,在纸的一端距边缘 2—3 cm 处用铅笔划一条直线,在直线上每间隔 2 cm 作一记号,为点样位置。

【注意事项】取滤纸之前要将手洗干净,防止手上的汗渍污染滤纸,并尽可能少接触滤纸;在条件允许的情况下也可戴一次性手套拿滤纸。要将滤纸平放在干净的白纸上,千万不要放在实验台上,以防止污染。

3. 点样。用毛细管将各氨基酸样品分别点在点样处，干后再点一次。点样量以 30—40 μL 为宜，点样时，用毛细管吸取氨基酸样品，与滤纸垂直方向轻轻碰点样处，每点在纸上扩散的直径不超过 3 mm。

【注意事项】点样点的直径不能超过 0.5 cm，否则分离效果不好，并且样品用量过大，会造成“托尾巴”现象。

4. 扩展。用线将点好样品的滤纸直线两端缝成筒状，纸的两边不能接触，避免由于毛细管现象使溶剂沿两边移动过快而造成溶剂前沿不齐，影响 Rf 值。将盛有约 20 mL 扩展剂的培养皿迅速置于密闭的层析缸中，并将滤纸直立于培养皿中，点样的一端朝下，扩展剂的液面需低于点样线 1 cm，待溶剂上升 15—20 cm 时取出滤纸，用铅笔描出溶剂前沿界线，用吹风机吹干（注意温度不宜过高，以免损坏氨基酸）。

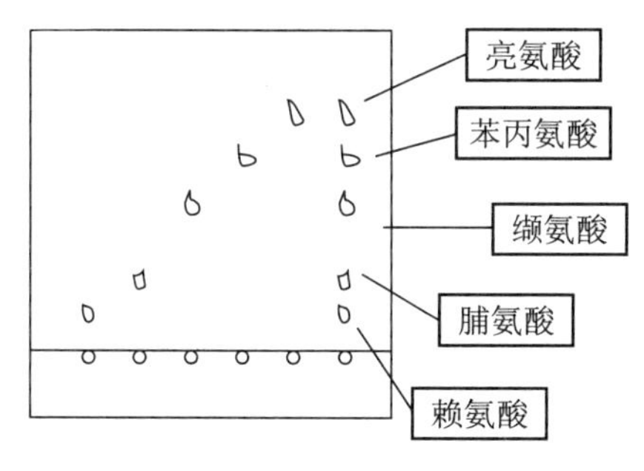

图 4-2 纸层析结果示意图

5. 定性鉴定。用 0.1%水合印三酮正丁醇溶液在纸的一面均匀喷雾，然后置烘箱中烘烤 5 min（100 ℃）即可显示出各层析斑点（见图 4-2）。用铅笔轻轻描出显色斑点的形状，用一直尺测量每一显色斑点中心与原点的距离和原点到溶剂前沿的距离，求其比值，即得各种氨基酸的 Rf 值。

在层析图谱上，对比标准氨基酸的位置（Rf 值）而确定氨基酸混合样品中氨基酸的种类。

6. 计算各种氨基酸的 Rf 值。

五、思考题

1. 纸层析法的原理是什么？
2. 何谓 Rf 值？影响 Rf 值的主要因素是什么？
3. 怎样制备扩展剂？
4. 层析缸中平衡剂的作用是什么？
5. 氨基酸极性与 Rf 值有什么关系？

实验五 酪蛋白的制备

一、实验目的

学习从牛乳中制备酪蛋白的原理和方法。

二、实验原理及应用

酪蛋白对幼儿既是氨基酸的来源,也是钙和磷的来源,酪蛋白在胃中形成凝乳以便消化。牛乳中的主要蛋白质是酪蛋白,含量约为 35 g/L。酪蛋白是一些含磷蛋白质的混合物,等电点为 4.7。利用等电点时溶解度最低的原理,将牛乳的 pH 调至 4.7 时,酪蛋白沉淀吸出。由于酪蛋白不溶于乙醇,而脂类溶于乙醇,可用乙醇洗涤沉淀物,除去脂类杂质后便可得到纯的酪蛋白。

三、器材与试剂

1. 器材。

(1) 离心机。

(2) 抽虑装置。

(3) 精密 pH 试纸或酸度计。

(4) 电炉。

(5) 温度计。

(6) 分析天平。

2. 试剂。

(1) 95%乙醇。

(2) 0.2 mol/L pH4.7 醋酸-醋酸钠缓冲液。

A 液(0.2 mol/L 醋酸钠溶液):称取 $NaAc \cdot 3H_2O$ 54.44 g,定容到 2 000 mL;

B 液(0.2 mol/Lp 醋酸溶液):称取优级纯醋酸(含量大于 99.8%)12.0 g 定容至 1 000 mL。取 A 液 1 770 mL、B 液 1 230 mL 混合,即得 pH4.7 的醋酸—醋酸钠缓冲液 3 000 mL。

(3) 无水乙醚。

(4) 乙醇—乙醚混合液:乙醇∶乙醚=1∶1(V/V)。

3. 食品原料:纯牛奶。

四、实验操作

1. 酪蛋白粗品的制备。

将 100 mL 牛奶放到 500 mL 的烧杯中，加热到 40 ℃，在搅拌下缓慢加入 100 mL 加热到 40 ℃左右的醋酸缓冲液，直至 pH 到 4.7 为止，用酸度计调节。将上述悬浮液冷却至室温，3 000 rpm(转/分钟)离心 15 min，弃去上清液，得酪蛋白的粗制品。

2. 酪蛋白纯品的制备。

(1) 用水洗涤沉淀三次，3 000 rpm 离心 10 min，弃去上清液。其中前两次采用倾倒法清洗，第三次将蒸馏水分别倒入装有酪蛋白粗品的离心管内至刻度或等高，然后用细玻璃棒搅拌，离心 10 min，弃去上清液。

(2) 用 30 mL 乙醇将各离心管内的沉淀物倒至烧杯搅拌片刻，将全部悬浊液转移至布氏漏斗中抽滤，除去乙醇溶液，倒入乙醇-乙醚混合液 30 mL 洗涤沉淀两次，抽干；再倒入乙醚 30 mL 洗涤沉淀两次，抽干；将沉淀从布氏漏斗中移出，摊开在表面皿上风干，得到酪蛋白的纯品。

3. 称重，计算含量和得率。

含量：酪蛋白 g/100 mL 牛乳(g/mL)。

得率：测得含量/理论含量×100%，式中理论含量为 3.5 g/100 mL。

五、思考题

1. 为什么酪蛋白可在等电点时沉淀析出？

2. 蛋白质为什么可用有机溶剂沉淀？

3. 根据酪蛋白的制备方法，请设计一种从血液中提取血红蛋白的方法。

4. 为何要将缓冲液的 pH 调至 4.7？

5. 酪蛋白提取过程中分别用水，醇—醚混合液，无水乙醚洗涤酪蛋白粗品的目的各是什么？从操作条件角度分析其次序能否颠倒？为什么？

实验六　考马斯亮蓝法测蛋白质含量

一、实验目的

1. 学习和掌握考马斯亮蓝 G-250 法测蛋白质含量的原理和方法。

2. 掌握分光光度计的使用方法和原理。

二、实验原理及应用

考马斯亮蓝 G-250 法测蛋白质含量属于一种染料结合法,考马斯亮蓝 G-250 是一种蛋白质染料,在游离状态下最大吸收波长为 464 nm,由于它所含的疏水基团与蛋白质的疏水微区具有亲和力,通过疏水键与蛋白质结合,当它与蛋白质结合形成蛋白质-染料复合物后,其最大吸收波长从 464 nm 移到 595 nm 处。

在一定蛋白质浓度范围内,蛋白质-染料复合物在 595 nm 处的光吸收与蛋白质量成正比。故可用于蛋白质含量测定。蛋白质与考马斯亮蓝 G-250 结合在 2 min 左右达到平衡,其生成的复合物在 1 h 内保持稳定。该反应非常灵敏,蛋白质最低检测量为 5 μg,而且此法操作方便、快速,干扰物质少,所以是一种比较好的蛋白质的定量测定方法。

蛋白质是生命活动的承担者,是人及各种生物的最重要的营养素之一,是衡量奶粉、肉制品等食品的重要指标,蛋白质含量的测定是食品工业品控和营养分析中常用的技术之一。

三、器材和试剂

1. 器材。

(1) 分光光度计。

(2) 离心机。

(3) 研钵。

(4) 容量瓶(100 mL)。

(5) 刻度吸管(1 mL, 5 mL)。

2. 试剂。

(1) 牛血清白蛋白标准液(100 μg/mL)。精确称取 0.010 g 牛血清白蛋白,溶于约 50 mL 蒸馏水,定容到 100 mL。

(2) 考马斯亮蓝 G-250 试剂。取 100 mg 考马斯亮蓝 G-250,溶于 50 mL 95%乙醇中,

加入85%正磷酸100 mL,最后用蒸馏水定容到1 000 mL,此试剂在常温下可放1个月。

3. 食品原料:绿豆芽。

四、实验操作

1. 样品液的制备。

(1) 称取新鲜绿豆芽下胚轴2 g于研钵中,加蒸馏水4 mL,匀浆,转移到离心管中。

(2) 再用50 mL蒸馏水分三次洗涤研磨,洗涤液一并收集于离心管中,放置半小时至1 h以充分提取,在4 000 rpm离心10 min,弃去沉淀上清液,转入100 mL容量瓶,以蒸馏水定容到100 mL待测。

2. 标准曲线制作及样品测定。

取8试管,按0—7编号,各管如表6-1所示操作。

表6-1 标准曲线的制作和样品的测定

试剂 \ 管号	0	1	2	3	4	5	6	7
100 μg/mL牛血清蛋白标准液(mL)	0	0.2	0.4	0.6	0.8	1.0		
样品待测液(mL)							0.5	0.5
蒸馏水(mL)	1.0	0.8	0.6	0.4	0.2		0.5	0.5
考马斯亮蓝G-250	5.0	5.0	5.0	5.0	5.0	5.0	5.0	5.0
各管均匀,室温下放置5 min,在λ=595n处比色								
吸光度(OD_{595})								
蛋白质含量(ug)	0	20	40	60	80	100		

3. 结果计算。

(1) 以蛋白质含量(μg)为横坐标,OD_{595}为纵坐标,在方格纸上绘制标准曲线。

(2) 根据样品管(6、7号)OD值的平均数(A_{595}),从标准曲线中求得蛋白质含量微克数(Y)。

(3) 计算样品(绿豆芽)中的蛋白质的含量。

五、思考题

1. 试分析本法的缺点,如何克服不利因素对测定的影响?

2. 利用蛋白质的呈色反应来测定蛋白质含量的方法有哪些?试比较它们的优缺点。

实验七 蛋黄中卵磷脂的提取、纯化和鉴定

一、实验目的

1. 了解卵磷脂结构与性质。

2. 了解卵磷脂提取、纯化和鉴定的原理。

3. 学会卵磷脂提取、纯化和鉴定的方法。

二、实验原理及应用

卵磷脂(Lecithin)是含有胆碱的甘油磷脂，广泛存在于脑、神经组织、肝、肾上腺和红细胞中，蛋黄中含量特别多。卵磷脂易溶于醇，乙醚等脂溶剂，可利用这些脂溶剂提取。新提取得到的卵磷脂为白色蜡状物，所含不饱和脂肪酸与空气接触后，被氧化而呈黄褐色。卵磷脂中的胆碱基在碱性溶液中可分解成三甲胺，三甲胺有特异的氨与鱼腥气味，使红色石蕊试纸变蓝，可用于食物中卵磷脂的鉴别。卵磷脂分子详见图 7-1。

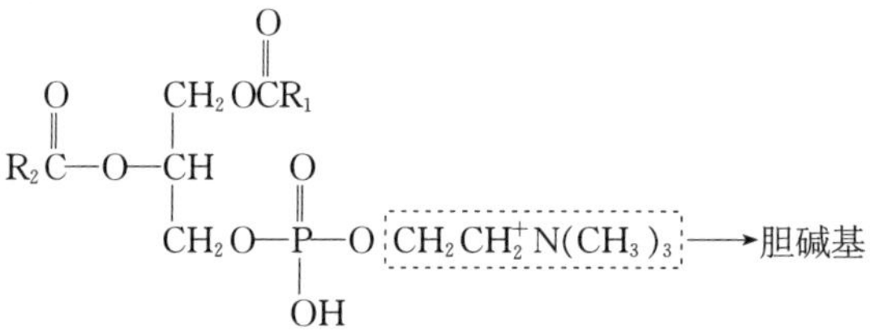

$CH_2OC(=O)R_1$

$R_2C(=O)—O—CH$

$CH_2O—P(=O)(OH)—O\,[CH_2CH_2^{+}N(CH_3)_3]$ ⟶ 胆碱基

图 7-1　卵磷脂分子

三、器材与试剂

1. 器材。

(1) 试管及试管架。

(2) 100 mL 烧杯。

(3) 50 mL 量筒。

(4) 蒸发皿。

(5) 2 mL 吸量管。

(6) 电子天平。

(7) 红色石蕊试纸。

2. 试剂。

(1) 95%乙醇。

(2) 10% NaOH 溶液:10 g NaOH 溶于蒸馏水,稀释至 100 mL。

(3) 10% $ZnCl_2$ 溶液:10 g $ZnCl_2$ 溶于蒸馏水,稀释至 100 mL。

(4) 丙酮。

3. 食品原料:鸡蛋。

四、实验操作

1. 卵磷脂提取。

于小烧杯内称取蛋黄 10 g,加入热 95%乙醇 30 mL,边加边搅拌,冷却,然后过滤,若滤液不清,需重滤,直至透明为止。将滤液置于蒸发皿内,蒸汽浴上蒸干(或用加热套蒸干,温度设为 140 ℃),残留物即为卵磷脂粗品,观察提取物的颜色。

2. 卵磷脂纯化。

取一定量的卵磷脂粗品,加入无水乙醇溶解,得到约 10%的乙醇粗提液,加入相当于卵磷脂质量 1/10 的 $ZnCl_2$ 溶液,室温搅拌 0.5 h;分离沉淀物,加入适量冰丙酮(4 ℃)洗涤,搅拌 1 h,再用丙酮反复清洗,过滤筛,至丙酮洗液近无色为止,得到白色腊状的精化卵磷脂;干燥与称重。

3. 卵磷脂鉴定。

取卵磷脂少许,置于干燥试管内,加 10% NaOH 溶液 2—5 mL,水浴加热 15 min,在试管口放一张红色石蕊试纸,观察其颜色有无变化,用嗅觉判断其气味。

五、思考题

1. 试简述卵磷脂结构、性质和用途。

2. 卵磷脂纯化中 $ZnCl_2$ 与丙酮分别起什么作用?

实验八　唾液淀粉酶活性观察

一、实验目的

1. 了解酶的催化性、特异性和高效性。

2. 了解各种因素(温度、pH、激活剂和抑制剂等)对酶活性的影响。

3. 掌握唾液淀粉酶的制备与观察方法。

二、实验原理及应用

酶是一种生物催化剂,具有高度专一性与高效性。由于酶是一种蛋白质,其催化活性常受到很多因素的影响,主要有温度、pH、酶浓度、底物浓度、激活剂和抑制剂等。本次实验是通过唾液淀粉酶的底物——淀粉,被唾液淀粉酶分解成各种糊精、麦芽糖等水解产物的变化来观察淀粉酶在各种因素下的活性。

淀粉被唾液淀粉酶分解成不同产物,遇到碘液可呈蓝色、紫色、暗褐色、红色等颜色,而麦芽糖遇碘液不呈现颜色反应,见图 8-1。但麦芽糖具有还原性,遇班氏试剂生成呈红色沉淀,由于班氏试剂是含有 Cu^{2+} 的碱性溶液,能使具有自由醛基或酮基的还原糖氧化,同时产生红色 Cu_2O 沉淀,而蔗糖不具有还原性,遇班氏试剂则为阴性。所以,可以通过碘液与班氏试剂来鉴别淀粉被酶水解的程度,观察不同因素对唾液淀粉酶活性的影响。

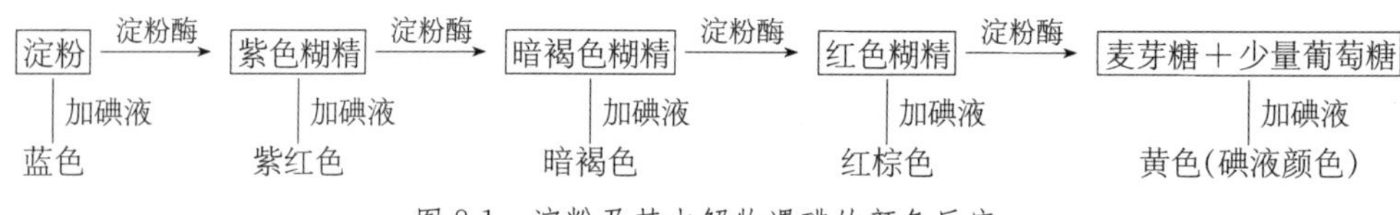

图 8-1　淀粉及其水解物遇碘的颜色反应

三、器材与试剂

1. 器材。

(1) 试管及试管架。

(2) 烧杯。

(3) 吸量管(1 mL、2 mL、5 mL)。

(4) 水浴锅。

(5) 电炉。

(6) 白色比色盘。

(7) 量筒。

(8) 滴管。

2. 试剂。

(1) 1% $CuSO_4$ 溶液。

(2) 0.5%蔗糖溶液。

(3) 0.5% NaCl 溶液。

(4) 0.5%淀粉溶液。

(5) 碘化钾—碘溶液:取碘化钾 2 g、碘 1.27 g 溶于 200 mL 水中,使用前稀释 5 倍。

(6) 班氏试剂:取无水 $CuSO_4$ 17.4 g 溶解于 100 mL 热蒸馏水中,冷却,定容至 150 mL;取柠檬酸钠 173 g 与无水 Na_2CO_3 100 g,加水 600 mL,加热溶解,冷却后定容至 850 mL。最后,将上述溶液混合,搅匀待用。

(7) 缓冲溶液。

缓冲液 A　0.2 mol/L Na_2HPO_4:称取 35.62 g $Na_2HPO_4 \cdot 12H_2O$ 溶于蒸馏水,定容至 1 000 mL。

缓冲液 B　0.1 mol/L 柠檬酸溶液:称取 21.01 g 一水柠檬酸溶于蒸馏水,定容至 1 000 mL。

① pH3.8 缓冲液:取 A 液 71.0 mL、B 液 129.0 mL 混合而成。

② pH6.8 缓冲液:取 A 液 145.5 mL、B 液 54.5 mL 混合而成。

③ pH8.0 缓冲液:取 A 液 194.5 mL、B 液 5.5 mL 混合而成。

四、实验操作

1. 唾液淀粉酶的制备。

每人用水漱口 3 次,然后取 20 mL 蒸馏水含于口中,半分钟后吐入烧杯中,取 10 mL 放入小烧杯中,稀释至 20 mL,以此稀释唾液做如下实验。

2. 酶活性的观察。

(1) pH 对酶活性的影响。

① 取 3 支试管编号,按表 8-1 准备。

表 8-1　pH 值对唾液淀粉酶活性的影响

试管号	0.5%淀粉溶液(mL)	pH3.8缓冲液(mL)	pH6.8缓冲液(mL)	pH8.0缓冲液(mL)	稀释唾液(mL)	加碘液后颜色变化
1	1	3	0	0	1	
2	1	0	3	0	1	
3	1	0	0	3	1	

② 置各试管于 37 ℃水浴中保温 5 min。

③ 检查淀粉水解程度:在白色比色盘上,滴加碘液 1 滴于各孔中,每隔 1 min,从 2 号试管中取 1 滴溶液与碘液混合,观察颜色变化。

④ 待 2 号试管中溶液遇碘不再发生颜色变化时,向 3 支试管中各加入 1—2 滴碘液,摇匀,观察并记录各管颜色变化,解释 pH 对酶活性的影响。

(2) 温度对酶活性的影响。

① 取 3 支试管编号,按表 8-2 准备。同时迅速加入稀释唾液,摇匀后及时放入水浴。

表 8-2　温度对唾液淀粉酶活性的影响

试管号	0.5%淀粉溶液(mL)	稀释唾液(mL)	pH6.8 缓冲液(mL)	水浴温度(℃)	加碘液后颜色变化
1	1	0.5	1	0	
2	1	0.5	1	37	
3	1	0.5	1	100	

② 置各试管于水浴中反应 10 min。

③ 取出试管,用冷水冷却 3 号试管;然后向 3 支试管中各加入 1—3 滴碘液,摇匀,观察并记录各管颜色变化,解释温度对唾液淀粉酶活力的影响。

(3) 酶的抑制及激活。

① 取 3 支试管编号,按表 8-3 准备。

表 8-3　抑制剂与激活剂对酶活性的影响

试管号	0.5%淀粉溶液(mL)	稀释唾液(mL)	1% $CuSO_4$溶液(mL)	0.5% NaCL溶液(mL)	蒸馏水(mL)	加碘液后颜色变化
1	1	1	1	0	0	
2	1	1	0	1	0	
3	1	1	0	0	1	

② 将 3 支试管放入 37 ℃水浴。

③ 检查淀粉水解程度：在比色盘上，滴加碘液 1 滴于各孔中，每隔 1 min，从第 2 管中取 1 滴溶液与碘液混合，观察碘颜色变化。

④ 待第 2 管中溶液遇碘不再发生颜色变化时，向 3 支试管中加入 2 滴碘液，摇匀，观察并记录各管颜色变化，解释抑制剂或激活剂对酶活性的影响。

(4) 酶的专一性。

① 取 2 支试管编号，按表 8-4 准备。

表 8-4　唾液淀粉酶的专一性验证

试管号	0.5%淀粉溶液 (mL)	0.5%蔗糖溶液 (mL)	稀释唾液 (mL)	加班氏试剂后颜色变化
1	2	0	1	
2	0	2	1	

② 稀释唾液加入后，放入 37 ℃水浴保温 10 min。

③ 取出试管，向各管加入班氏试剂 1 mL，放沸水浴中煮沸 1—2 min，记录并解释结果。

五、思考题

1. 做温度对唾液淀粉酶实验时，从 100 ℃沸水拿出试管，为什么要先冷却再加碘液？

2. 做酶实验时必须要控制哪些条件？为什么？

实验九 过氧化物酶的提取及活力测定

一、实验目的

1. 了解酶活力和比活力的概念。

2. 通过测定过氧化物酶的活力,掌握酶活力测定的一般方法。

二、实验原理与应用

1. 酶活力及其测定。

(1) 酶活力与反应速度。酶活力也称酶活性,是指酶催化一定化学反应的能力。酶活力大小是指在一定条件下,酶所催化的某一化学反应的速度,即酶促反应的初速度。一定条件是指足够高的底物浓度(有底物抑制现象除外),最适的 pH(包括合适的离子强度)、最适温度(国际生化联合会规定 25 ℃或 30 ℃),以及为了稳定酶需加的一些保护试剂(如牛血清白蛋白、β-巯基乙醇)等。采取以上条件的目的是为了在酶反应系统中,除了待测定的酶浓度是影响反应速度的唯一因素外,其他因素都处于最适合酶发挥催化能力的水平。

(2) 酶活力测定的两种方式。酶活力测定有终点法和动力学法两种方式。终点法是指测定完成一定量反应所需要的时间;动力学法指测定单位时间内单位体积中底物减少量或产物增加量,一般测定产物增加量。

酶活力测定常用动力学法。测定的具体方法很多,如滴定、比色、比旋、气体测压、紫外、荧光、同位素技术等方法,具体方法的选择,由具体酶促反应和实验条件所决定。

酶活力测定后,一般都要将结果换算成活力单位,即指在某一特定条件下,使酶促反应达到某一速度所需的酶量。1961 年,国际生化联合会酶学委员会建议,在确定的最适反应条件下,每分钟催化一微克(μg)分子底物变成产物所需要的酶量为一个酶活力单位,符号用 IU 或 U 表示。1972 年,酶学委员会又提出一种新的单位 Katal(Kat),即在确定的最适反应条件下,每分钟催化一克(g)分子底物转变为产物所需的酶量为 1 Kat。因此 1 Kat$=60\times10^{6}$ IU。在实际工作中,为了简便,人们往往还采用各自习惯沿用的单位,有时可直接用测得的物理量表示,如吸光度的变化值(ΔA/min)表示酶单位。

2. 酶的比活力和转换数。

(1) 酶的比活力。在表示酶制剂纯度时,人们采用比活力这一概念,即以单位重量的酶蛋白中酶的单位数来表示，具体单位可写成：IU/mg 蛋白或 IU/mg 蛋白氮。

(2) 酶的转换数。在酶高度纯净，且酶的分子量已知，或每个酶分子上的活性中心数目也已知时，还可采用转换率(数)表示，它表示在最适条件下每个酶分子或每个活性中心每分钟催化底物分子(或相关基团)转化成产物的数目，也称分子活力。

3. 过氧化物酶活力测定基本原理。

过氧化物酶是生物体内一类含血红素的重要氧化酶，它能催化过氧化氢放出新生态氧，从而氧化某些酚类、芳香胺和抗坏血酸等一些还原性物质。它的存在，在清除细胞内的有害物质过氧化氢和保护酶蛋白以及植物细胞中木质素的形成活动中有重要意义。在生物分类、分子遗传、作物育种和植物生理、病理等方面的研究中都会与过氧化物酶发生关系。在本实验中，过氧化物酶催化过氧化氢放出新生态氧，后者使愈创木酚(无色)氧化成红棕色的4-邻甲氧基苯酚，所在波长 460 nm 处比色，过氧化物酶活力大小在一定范围内与生成物的颜色深浅呈线性关系。酶活力大小可表示为 ΔA_{460}/min/mL。其反应为：

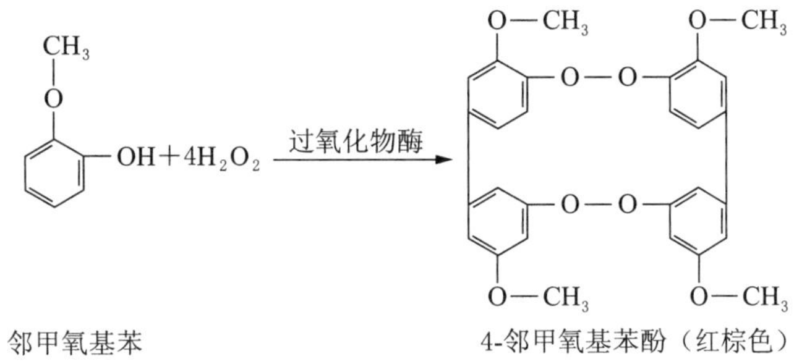

$\text{邻甲氧基苯} + 4H_2O_2 \xrightarrow{\text{过氧化物酶}} \text{4-邻甲氧基苯酚（红棕色）}$

邻甲氧基苯　　4-邻甲氧基苯酚（红棕色）

图 9-1　过氧化物酶活力测定反应基本原理

三、器材和试剂

1. 器材。

(1) 天平。

(2) 离心机。

(3) 研钵。

(4) 刻度吸管。

(5) 分光光度计。

2. 试剂。

(1) 酶提取缓冲液：20 mmol/L 硼酸缓冲液(pH8.8)，内含 5 mmol/L 亚硫酸氢钠(临用前加)。

(2) 0.1 mol/L 醋酸缓冲液(pH5.4)。

(3) 0.25%愈创木酚(溶于 50%乙醇中)溶液(临用前配)。

(4) 0.75%过氧化氢溶液(临用前配)。

四、实验操作

1. 酶液提取。

(1) 称取 0.5 g 左右植物叶片(禾本科),记录精确重量,加入预冷的酶提取缓冲液 5 mL,于研钵中研磨成匀浆(最好在冰浴中)。

(2) 匀浆转入离心管,少量提取缓冲液冲洗研钵一并转入,平衡后于 10 000 rpm 离心 20 min(最好低温离心)。

(3) 将上清液倒入刻度试管或量筒,定容至 10 mL,再插入冰浴备用。

2. 酶活力测定。

(1) 打开光度计,预热 15 min 左右,并做好比色前的准备工作。

(2) 在光径为 1 cm 的比色杯内,先加入 2 mL 0.1 M 的醋酸缓冲液和 1 mL 0.25%愈创木酚溶液(以上溶液可预先放在 25 ℃—30 ℃的水浴中),再加入 0.2 mL(根据反应情况调整)酶液,最后加入 0.1 mL 0.75%的过氧化氢溶液,然后迅速颠倒混匀,立即把比色杯插入比色架,盖上盖子,并开始计时,每隔 30 s 在 460 nm 处读取光度值,读至酶促反应 2 min 为止,分别记下读取的 5 个数据。

(3) 重复以上测定。

3. 结果计算。

(1) 以时间(秒)为横坐标,A_{460}为纵坐标,对每次过氧化物酶活力测定中所得的数据进行作图。

(2) 求出上图中所作直线与横轴交角的正切值,或用统计方法求出每次测定所得数据的直线方程,最后取其平均值。

(3) 酶活力计算,以 A_{460}/min/mL 表示

(4) 求出所取材料中过氧化物酶的总活力,以 A_{460}/min 表示

(5) 如测得酶液中总蛋白,计算出其比活力。

五、思考题

1. 为什么酶的活力不以酶蛋白的量表示?

2. 在用动力学法测定酶活力时,为什么要强调测定酶促反应的初速度?

3. 为什么提取酶时用 pH8.8 的硼酸缓冲液,而测定活力时又用 pH5.4 的醋酸缓冲液?酶抽提液中为什么要加一些亚硫酸氢钠?

4. 现有某酶提取液 10 mL,测得其蛋白含量为 20 mg/mL,另取 10 μL 这种酶提取液,在最适条件下测其活力,测得每分钟内它能催化形成 30 μmol 的产物。试求:该酶液中酶的总活力为多少?提取液中该酶的比活力为多少?

模块二

SHIPIN ZHUANYE JICHU SHIYAN

食品化学实验

实验十 食品中水分活度的测定

一、实验目的

1. 了解水分活度仪的工作原理。

2. 学会使用水分活度仪测定食品中的水分活度。

二、实验原理及应用

水分活度仪如图 10-1 所示。水分活度仪法是在一定温度下,利用测定仪上的传感装置——湿敏元件,根据食品中水的蒸汽压力的变化,从仪器的表头上读出指示的水分活度(A_w 值)。在测定试样前需校正水分活度测定仪。

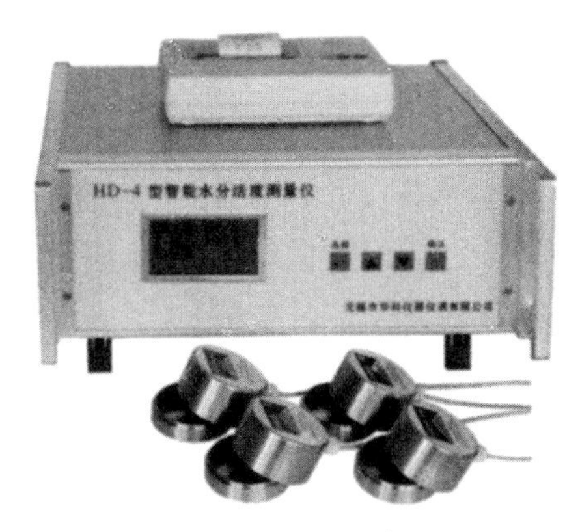

图 10-1 水分活度仪

常见的水分活度仪主要差异在于相对湿度传感器的类型不同,如 Rotronic 采用的是湿敏电容,Novasina 采用的是湿敏电阻,而 Aqualab 采用的则是冷镜露点法。

三、器材与试剂

1. 器材。

(1) 水分活度测定仪。

(2) 恒温箱。

2. 试剂。

氯化钡饱和溶液。

3. 食品材料。

(1) 面包。

(2) 饼干。

(3) 肉。

(4) 鱼。

(5) 果蔬块。

四、实验操作

1. 仪器校正。

用小镊子将两张滤纸浸在 $BaCl_2$ 饱和溶液中,待滤纸均匀地浸湿后,轻轻地把它放在仪器的样品盒内,然后将具有传感器装置的表头放在样品盒上,小心拧紧,移至 20 ℃恒温箱中维持恒温 3 h 后,再将表头上的校正螺丝拧动使 A_w 值为 0.900。重复上述过程再校正一次。

2. 样品测定。

取 15 ℃—25 ℃恒温后的不同样品各 1—2 g,置于仪器样品盒内,保持表面平整而不高于盒内垫圈底部;然后将具有传感器装置的表头置于样品盒上(切勿使表头沾上样品)轻轻地拧紧,恒温放置;不断从仪器表头上观察仪器指针的变化状况,待指针恒定不变时,所指示数值即为此温度下试样的 A_w 值。

3. 记录样品种类、温度和 A_w 值。

五、实验注意事项

1. 取样时,对于果蔬类样品应迅速捣碎并按相同比例取汤汁与固形物,肉和鱼等样品需适当切细。

2. 测定前用氯化钡饱和溶液校正仪器。

3. 所用的玻璃器皿应该清洁干燥,否则会影响测量结果。

4. 测量表头为贵重的精密器件,在测定时,必须轻拿轻放,切勿使表头直接接触样品和水;若不小心接触了液体,需蒸发干燥进行校准后才能使用。

六、思考题

1. 阐述测定水分活度的原理及方法。

2. 阐述水分活度与食品储藏稳定性的关系。

实验十一　食品中水分含量的测定

一、实验目的

1. 了解卤素快速水分仪测定食品中水分含量的原理。

2. 学会使用卤素快速水分仪测定食品中水分含量的方法。

二、实验原理及应用

卤素快速水分仪图如图 11-1 所示。卤素快速水分仪是一种新型快速的水分检测仪器。其环状的卤素加热器确保样品在高温测试过程中均匀受热,使样品表面不易受损,快速干燥。在干燥过程中,水分仪持续测量并即时显示样品丢失的水分含量(%),干燥程序完成后,最终测定的水分含量值被锁定显示。

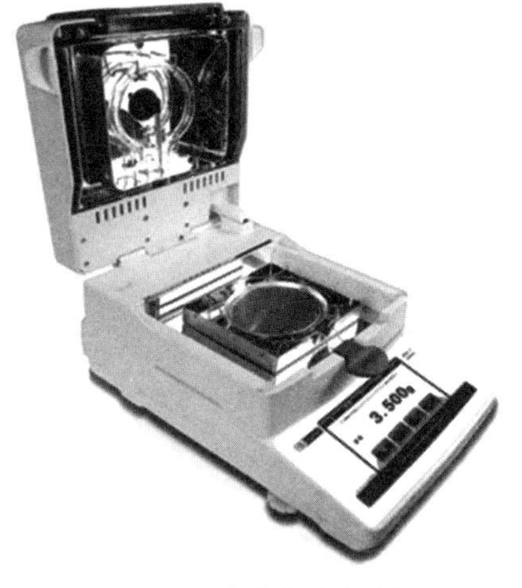

图 11-1　卤素快速水分仪

与国际烘箱加热法相比,其检测结果具有良好的一致性,具有可替代性,且检测效率远远高于烘箱法。一般样品只需几分钟即可完成测定。该仪器操作简单,测试准确,显示部分采用红色数码管,示值清晰可见,分别可显示水分值、样品初值、终值、测定时间、温度初值、最终值等数据,并具有与计算机、打印机连接的功能。

三、器材与试剂

1. 器材。

(1) 卤素快速水分仪。

(2) 恒温箱。

(3) 研钵。

2. 食品材料。

(1) 面包。

(2) 饼干。

(3) 肉。

(4) 鱼。

(5) 果蔬片。

四、实验操作

1. 将卤素水分测定仪水平放置,调整前面的底脚轮,直到水平器内的气泡调入圆圈中为止。

2. 按 ON/OFF 键天平开机,水分仪显示主屏幕。

3. 样品盘中放入适量的样品,样品尽可能要均匀水平铺在样品盘上。

4. 将卤素水分仪的电源插座插入电源插座。

5. 卤素水分仪可连接打印机,可打印出样品的编号、初始重量、测试结束的重量、测试结束时的温度、测试所用的时间及水分含量。

6. 将样品置于研钵中捣碎或捣烂后放入样品盘中,然后把样品盘放在托盘上,合上加热罩,带显示稳定后按 START/STOP 键,水分测试开始。蜂鸣器发生报警声,表示测量结束。显示屏显示出测量所用的时间、样品的水分含量、样品的初重和烘干后重量,并记录。

7. 卤素水分仪测试完毕,进行下一次试验。

五、思考题

食品中的水分含量与水分活度有什么关系?

实验十二　蛋白质功能性质（水溶性、凝胶性）的测定

一、实验目的

1. 了解大豆蛋白的两种功能性质—水溶性和凝胶性。

2. 学会蛋白质的水溶性和凝胶性的测定方法。

二、实验原理及应用

蛋白质的功能性质是指除营养价值外的对食品需宜特性有利的物理、化学性质，主要包括水溶性、分散性、乳化性、起泡性、凝胶性等。这些功能性质大多数会影响食品的感官质量，尤其在质地方面，对食品成分制备、食品加工或储存过程中的物理特性起着重要作用。

1. 水溶性。

蛋白质溶解度的大小受到一些条件如 pH 值、离子强度、温度、溶剂类型等的影响。蛋白质的溶解度在等电点时通常是最低的，pH 值在高于或低于等电点时，蛋白质所带的净电荷为负电荷或正电荷，其溶解度均增大。

盐类对蛋白质的溶解性也产生不同的影响。当中性盐的浓度范围为 0.1—1 mol/L 时，可增大蛋白质在水中的溶解度(盐溶)，蛋白质的溶解性与离子强度有关；而在中性盐的浓度大于 1 mol/L 时，可降低蛋白质在水中的溶解度，甚至产生沉淀(盐析)。

2. 凝胶性。

凝胶是变性蛋白质发生的有序聚集反应。在多数情况下，热处理是蛋白质形成凝胶的必需条件，可使蛋白质变性，肽链伸展；然后须冷却，使肽链间氢键形成；在形成蛋白质凝胶时，少量加入酸或 Ca^{2+} 盐，可以提高胶凝速度和凝胶的强度。

三、器材与试剂

1. 器材。

(1) 恒温水浴锅。

(2) 电子天平。

(3) pH 计(或 pH 试纸)。

(4) 药匙。

(5) 称量纸。

(6) 刻度吸量管。

(7) 洗耳球。

(8) 胶头滴管。

(9) 玻璃棒。

(10) 烧杯。

(11) 量筒。

(12) 试管。

2. 试剂。

(1) 大豆蛋白粉。

(2) 1 mol/L 盐酸。

(3) 1 mol/L 氢氧化钠。

(4) 饱和氯化钠溶液。

(5) 饱和硫酸铵溶液。

(6) 氯化钙饱和溶液。

(7) 葡萄糖酸内酯。

(8) 明胶。

四、实验操作

1. 蛋白质的水溶性。

(1) 在 4 支试管中各加入 0.1—0.15 g 大豆分离蛋白粉后,分别再加入 5 mL 蒸馏水、饱和氯化钠溶液、1 mol/L 氢氧化钠溶液、1 mol/L 盐酸溶液,摇匀,在 40 ℃水浴中温热片刻。观察大豆蛋白在不同溶液中的溶解现象及溶解度,并记录。

(2) 在第 1 支、第 2 支试管中各加入饱和硫酸铵溶液 3 mL,析出大豆球蛋白沉淀。第 3 支、第 4 支试管中分别用 1 mol/L 盐酸及 1 mol/L 氢氧化钠中和至 pH 值为 4.4—4.5,观察沉淀生成的不同现象,并记录,解释大豆蛋白溶解性变化的原因,以及 pH 值对大豆蛋白溶解性的影响。

2. 蛋白质的凝胶性。

(1) 在 100 mL 烧杯中加入 2 g 大豆蛋白粉,40 mL 蒸馏水,在沸水浴中加热并搅拌均匀,稍冷;将其分成二份,一份加入 5 滴饱和氯化钙,另一份加入 0.1—0.2 g 葡萄糖酸内酯,稍微搅拌后,置于 80 ℃水浴中静置数分钟,观察凝胶的生成。

(2) 取一支试管,加入 0.5 g 明胶,5 mL 蒸馏水,水浴中温热溶解形成黏稠溶液,冷却后,观察凝胶的生成。

五、思考题

1. 观察大豆蛋白在不同溶液中的溶解现象及溶解度,并记录。

2. 观察沉淀生成的不同现象,并记录;解释大豆蛋白的溶解性变化的原因以及 pH 值对大豆蛋白溶解性的影响。

3. 记录不同条件下形成凝胶的现象,并解释在不同条件下凝胶形成的原因。

实验十三　美拉德反应

一、实验目的

1. 了解美拉德反应的原理。

2. 学会美拉德反应产物的测定方法。

二、实验原理及应用

在一定条件下，还原糖与氨基可发生一系列复杂的反应，最终生成多种类黑素——褐色的含氮色素，并产生一定的风味，这类反应统称美拉德反应，也称羰氨反应。美拉德反应会对食品体系的色泽和风味产生较大影响。

美拉德反应是一系列复杂的化学反应过程，可分为初期、中期、末期3个阶段。初期阶段包括羰氨缩合和分子重排两种作用；中期阶段为重排产物果糖基胺通过多条途径进一步降解，生成各种羰基化合物，如羟甲基糠醛、还原酮等，这些化合物还可进一步发生反应；末期阶段为多羰基不饱和化合物一方面进行裂解反应，产生挥发性化合物，另一方面又进行缩合、聚合反应，产生褐黑色的类黑精物质，从而完成整个美拉德反应。

美拉德反应的最终产物是结构复杂的有色物质，使反应体系的颜色加深，因此该反应又称为“褐变反应”。不同的氨基酸，发生美拉德反应的速度不同。根据美拉德反应的最终产物在420 nm处有最大吸收峰，可采用分光光度计在420 nm处测定产物色泽的深浅，从而判定不同氨基酸发生美拉德反应的速度。

三、器材与试剂

1. 器材。

(1) 分析天平。

(2) 分光光度计。

(3) 恒温水浴锅。

(4) 称量纸。

(5) 药匙。

(6) 刻度吸量管。

(7) 洗耳球。

(8) 容量瓶(500 mL、1 000 mL)。

(9) 具塞试管。

(10) 试管夹与试管架。

2. 试剂。

(1) D-葡萄糖。

(2) L-天门冬氨酸。

(3) L-赖氨酸。

(4) L-精氨酸。

(5) L-缬氨酸。

四、实验操作

1. 向 4 支各装有 50 mg D-葡萄糖的试管中添加 4 种不同的氨基酸,各管中添加量均为 50 mg,再加入 0.5 mL 蒸馏水,充分混匀。

2. 嗅闻每支试管,描述其风味并记录感官现象。

3. 给每支试管盖好塞子,放入 100 ℃水浴中,加热 45 min,再在水浴中冷却到室温,记录每根试管的气味。记录颜色,0=无色,1=淡黄色,2=深黄色,3=褐色。

4. 定量测定美拉德反应产物。将含有精氨酸、赖氨酸以外的试管中的溶液稀释到 5 mL,将含精氨酸的试管中的溶液稀释到 500 mL,含赖氨酸的试管中的溶液稀释到 1 000 mL,最后在 420 nm 处测定各管吸光值。

五、计算

美拉德反应导致的褐变程度记为 X,计算公式为:

$$X = A_{420\ \mathrm{nm}} \times \text{稀释倍数} \tag{13-1}$$

六、思考题

1. 导致食品体系发生褐变的常见因素有哪些?

2. 美拉德反应的机理和条件分别是什么?

3. 什么原因导致美拉德反应产生的褐变程度不同?

实验十四 果胶的提取和果酱的制备

一、实验目的

1. 了解果胶的形成凝胶的条件和成胶机理。

2. 学会果胶提取的方法。

3. 学会柠檬味果酱的制作。

二、实验原理及应用

果胶广泛存在于水果和蔬菜中，如苹果含量为 0.7%—1.5%(以湿品计)，在蔬菜中以南瓜含量最多，为 7%—17%。果胶的基本结构是以 α-1, 4 甙键连接的聚半乳糖醛酸，其中部分羧基被甲酯化，其余的羧基与钾、钠、钙离子结合成盐，其结构式见图 14-1。

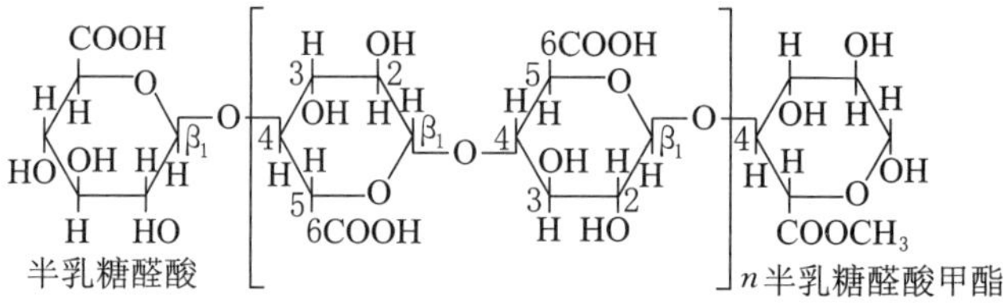

图 14-1 果胶分子结构

在果蔬中，尤其是在未成熟的水果和皮中，果胶多数以原果胶存在，原果胶是以金属离子桥(特别是钙离子)与多聚半乳糖醛酸中的游离羧基相结合。原果胶不溶于水，故用酸水解，生成可溶性的果胶，再进行脱色、沉淀、干燥，即为商品果胶，从柑橘皮中提取的果胶是高酯化度的果胶，酯化度在 70%以上。在食品工业中常利用果胶来制作果酱、果冻和糖果，在汁液类食品中用作增稠剂、乳化剂等。

原料经酸处理后，加热至 90 ℃，将不溶性的果胶转化为可溶性果胶，然后乙醇处理提取液，使果胶沉淀，再用乙醇洗涤沉淀，以除去可溶性糖类、脂肪、色素等物质，得到较为纯净的果胶物质。

三、器材与试剂

1. 器材。

(1) 250 mL 烧杯。

(2) 电炉。

(3) 温度计。

(4) 小刀。

(5) 纱布。

(6) pH 试纸。

(7) 漏斗。

(8) 0.5%—1.0%的活性炭。

(9) 抽滤装置(或 2%—4%的硅藻土)。

2. 试剂。

(1) 0.25% HCl。

(2) 95%乙醇。

(3) 蔗糖。

(4) 柠檬酸。

(5) 柠檬酸钠。

(6) 氨水。

(7) 盐酸。

3. 食品材料。

新鲜的柑橘皮。

四、实验操作

1. 果胶的提取。

(1) 原料柑橘预处理。称取新鲜皮 20 g(干品为 8 g)用清水洗净后,放入 250 mL 烧杯中加 120 mL 水,加热至 90 ℃保持 5—10 min,使酶失活。用水冲洗后切成 3—5 mm 大小的颗粒,用 50 ℃左右的热水漂洗,直至水为无色、果皮无异味为止。每次漂洗必须把果皮用尼龙布挤干,再进行下一次漂洗。

(2) 酸水解提取。将预处理过的果皮粒放入烧杯中,加入约 0.25%的盐酸 60 mL,以浸没果皮为度,pH 值调整在 2.0—2.5,加热至 90 ℃煮 45 min,趁热用尼龙布(100 目)或4 层纱布过滤。

(3) 脱色。在滤液中加入 0.5%—1.0%的活性炭,80 ℃加热 20 min 进行脱色和除异味,趁热抽滤,如抽滤困难可加入 2%—4%的硅藻土作助滤剂。如果柑橘皮漂洗干净,提取液为清澈透明,则不用脱色。

(4) 沉淀。待提取液冷却后,用稀氨水调节至 pH3—4,在不断搅拌下加入 95%乙醇,加入乙醇的量约为原体积的 1.3 倍,使酒精浓度达 50%—60%(可用酒精计测定),静置 10 min。

(5) 过滤、洗涤、烘干。用尼龙布过滤，果胶用95%乙醇洗涤二次，再在60 ℃—70 ℃烘箱中烘干。

2. 柠檬味果酱的制作。

(1) 将果胶0.2 g(干品)浸泡于20 mL水中，软化后在搅拌下慢慢加热至果胶全部溶化。

(2) 加入柠檬酸0.1 g、柠檬酸钠0.1 g和蔗糖20 g，在搅拌下加热至沸，继续熬煮5 min，冷却后即成果酱。

五、计算

$$w(\%)=\frac{m_1}{m}\times 100\% \tag{14-1}$$

式(14-1)中，w 为湿果胶的提取率，%；m_1 为提取的果胶质量，g；m 为柑橘皮的质量，g。

六、思考题

1. 从柑橘皮中提取果胶时，为什么要加热使酶失活？
2. 沉淀果胶除用乙醇外，还可以用什么试剂？
3. 在工业上，可用什么果蔬原料提取果胶？

实验十五　油脂氧化及过氧化值的测定

一、实验目的

1. 了解油脂氧化与过氧化值测定的基本原理。

2. 学会油脂过氧化值的测定方法。

二、实验原理及应用

油脂在加工、贮藏和流通过程中，在热、水分、金属、微生物或酶的作用下，油脂就会发生水解，释放出游离脂肪酸。油脂中游离脂肪酸含量的增加将引起油脂烟点和表面张力降低，导致油脂及含油食品稳定性下降。油脂氧化的初级产物是氢过氧化物(ROOH)，因此通过测定油脂中氢过氧化物含量可以评价脂肪的氧化程度。

食品中含有油脂，在空气中易氧化生成过氧化物。这些过氧化物在酸性条件下可将碘离子氧化成碘，碘的量可用标准硫代硫酸钠溶液来滴定。其反应方程式如下：

$$R-CH=CH-\underset{\displaystyle OOH}{\underset{|}{CH}}-CH_2-R'+2KI+2H^+\longrightarrow R-CH=CH-\underset{\displaystyle OH}{\underset{|}{CH}}-CH_2-R'+I_2+H_2O+2K^+$$

$$I_2+2Na_2S_2O_3\longrightarrow Na_2S_4O_6+2NaI$$

过氧化值升高是油脂酸败的早期指标。油脂氧化过程中产生的过氧化物量以每公斤毫摩尔(mmol/kg)或百分含量(g/100 g)表示。当过氧化值超出 20 mmol/kg 时即表示油脂已经不再新鲜。当油脂酸败到一定程度时，过氧化物会形成醛和酮，此后过氧化值又会降低(酸价升高)。世界卫生组织(WHO)推荐过氧化值不应超过 10 mmol/kg，否则食用后会发生头痛、头晕、腹痛、腹泻、呕吐等中毒症状。《食品安全国家标准 植物油》(GB 2716—2018)规定：食用植物油和植物原油的过氧化值都必须≤0.25 g/100 g(相当于 19.7 mmol/kg)。

三、器材与试剂

1. 器材。

(1) 分析天平。

(2) 烘箱。

(3) 1 mL 刻度吸量管。

(4) 洗耳球。

(5) 量筒。

(6) 碱式滴定管。

2. 试剂。

(1) 丁基羟基甲苯(BHT)。

(2) 饱和碘化钾溶液:称取 14 g 碘化钾,加 10 mL 水溶解,必要时微热使其溶解,冷却后贮于棕色瓶中。

(3) 三氯甲烷-冰乙酸混合液:量取 40 mL 三氯甲烷,加 60 mL 冰乙酸,混匀。

(4) 硫代硫酸钠标准溶液:[$c(Na_2S_2O_3)$=0.010 00 mol/L],存于棕色瓶中。

(5) 淀粉指示剂(10 g/L):称取可溶性淀粉 0.5 g 于烧杯中,加少许蒸馏水调成糊状,再加沸水至 50 mL,此时溶液呈透明状,临用时现配。然后冷却至室温待用。

3. 食品材料:食用油。

四、实验操作

1. 油脂的氧化。

在干燥的小烧杯中,将 120 g 油平均分为两份,其中一份中加入 0.012 g BHT,另一份不加。两份油脂作同样程度的搅拌至 BHT 完全溶解。向 3 个广口瓶中各装入 20 g 未添加 BHT 的油脂,另 3 个中各装入 20 g 已添加 BHT 的油脂,按表 15-1 所列编号存放,一星期后测定过氧化值和酸价。

表 15-1　油脂氧化试验

室温光照	1	未添加 BHT 的油脂
	2	添加 BHT 的油脂
室温避光	3	未添加 BHT 的油脂
	4	添加 BHT 的油脂
60 ℃烘箱	5	未添加 BHT 的油脂
	6	添加 BHT 的油脂

2. 过氧化值的测定。

(1) 称取 2—3 g 混匀的样品两份(用作平行测定)于干燥洁净的 250 mL 碘量瓶中,记下样品质量 m,加 30 mL 三氯甲烷-冰乙酸混合液,使样品完全溶解。

(2) 加入 1 mL 饱和碘化钾溶液,紧密塞好瓶塞,并轻轻振摇 0.5 min,然后在暗处放置 5 min。

(3) 取出加 100 mL 蒸馏水,摇匀,立即用 $Na_2S_2O_3$ 标准溶液滴定,至淡黄色时,加入

1 mL 淀粉指示剂，继续滴定至蓝色消失时为终点。记下 $Na_2S_2O_3$ 标准溶液消耗量 V_1。

(4) 空白实验：取 30 mL 三氯甲烷-冰乙酸混合液，加入 1.00 mL 饱和碘化钾溶液，紧密塞好瓶塞，并轻轻振摇 0.5 min，然后在暗处放置 5 min。然后加入 100 mL 蒸馏水和 1 mL 淀粉指示剂，摇匀。如有蓝色，用 $Na_2S_2O_3$ 标准溶液滴定，至蓝色消失，记录读数 V_0。

五、计算

$$P=\frac{1\,000(V_1-V_0)\times c}{2m} \tag{15-1}$$

式(15-1)中，P 为样品的过氧化值，POV 值，常用 mmol/kg 表示；V_1 为样品消耗 $Na_2S_2O_3$ 标准溶液的体积，mL；V_0 为试剂空白消耗 $Na_2S_2O_3$ 标准溶液的体积，mL；c 为 $Na_2S_2O_3$ 标准溶液的摩尔浓度，mol/L；m 为样品质量，g。

六、实验注意事项

1. 碘与硫代硫酸钠的反应必须在中性或弱酸性溶液中进行，因为在碱性溶液中将发生副反应，在强酸性溶液中，硫代硫酸钠会发生分解，且 I^- 在强酸性溶液中易被空气中的氧所氧化。

2. 碘易挥发，故滴定时溶液的温度不能高，滴定时不要剧烈摇动溶液。

3. 为防止碘被空气氧化，应放在暗处，避免阳光照射，析出 I_2 后，应立即用 $Na_2S_2O_3$ 溶液滴定，滴定速度应适当快些。

4. 淀粉指示剂应是新配制的。最好在接近终点时加入，即在硫代硫酸钠标准溶液滴定碘至浅黄色时再加入淀粉。否则碘和淀粉吸附太牢，到终点时颜色不易退去，致使终点出现过迟，引起误差。

七、思考题

1. 若测定的样品为固体，应如何测定其过氧化值？

2. 从天然产物中提取的新型抗氧化剂，请设定一个方案，测定该抗氧化剂的抗氧化性。

实验十六　油脂酸败及酸价的测定

一、实验目的

1. 了解油脂酸败与酸价测定的基本原理。

2. 学会油脂酸价测定的方法。

二、实验原理及应用

油脂暴露在空气中一段时间后，在脂肪氧合酶或者光照、有氧条件下，部分甘油酯分解成为游离脂肪酸，游离脂肪酸进一步分解产生小分子的醛、酮、酸等，造成油脂变质酸败。因此酸价是评价脂肪变质程度的一个重要指标。

油脂酸价又称油脂酸值，是检验油脂中游离脂肪酸含量多少的一项指标，以中和 1 g 油脂中的游离脂肪酸所需的氢氧化钾的质量(mg)表示。

用中性乙醚-乙醇混合溶剂溶解油样，再用碱标准溶液滴定其中的游离脂肪酸，根据油样质量和消耗碱液的量计算油脂酸价。

检测酸价可反映油脂是否酸及酸败的程度，食用酸败的油脂可能引起中毒症状。《食品安全国家标准 植物油》(GB 2716—2018)对食用植物油酸价有统一的最高限量标准，即食用植物油成品油的酸价≤3 mg KOH/g。

三、器材与试剂

1. 器材。

(1) 25 mL 或 50 mL 滴定管。

(2) 250 mL 锥形瓶。

(3) 分析天平。

(4) 容量瓶。

(5) 移液管。

(6) 称量瓶。

(7) 试剂瓶。

(8) 量筒。

(9) 烧杯。

2. 试剂。

(1) 0.1 mol/L 氢氧化钾(或氢氧化钠)标准溶液(用水或者用30%乙醇水溶液作为溶剂配制该标准溶液)

(2) 中性乙醚-乙醇(2∶1)混合溶剂(临用前用0.1 mol/L 碱液滴定至中性)

(3) 10 g/L 酚酞乙醇溶液指示剂

3. 食品原料:食用油。

四、实验操作

称取混匀食用油试样 3—5 g,注入锥形瓶中,加入中性乙醚-乙醇(2∶1)混合溶剂50 mL,摇动使试样溶解,再加3滴酚酞指示剂,用0.1 mol/L 碱液滴定至出现微红色,在30 s内不消失,记下消耗的碱液体积(mL)。

五、计算

$$酸价(mg/g)=(V\times c\times 56.1)/m \tag{16-1}$$

式(16-1)中,V 为滴定消耗的氢氧化钾溶液体积,mL; c 为氢氧化钾浓度,mol/L; m 为试样质量,g; 56.1 为 KOH 的摩尔质量,g/mol。

若双试样平行分析的实际结果不超过允许误差(0.2 mg/g),求其平均数,即为测定结果,测定结果取小数点后一位。

六、实验注意事项

1. 测定深色油的酸价,可减少试样用量,或适当增加混合溶剂的用量,以酚酞为指示剂,终点变色明显。

2. 蓖麻油不溶于乙醚,因此测定蓖麻油的酸价时,只用中性乙醇做溶剂即可。

3. 滴定过程中如出现混浊或分层,表明由碱液带进水量过多(水、乙醇的体积比超过1∶4),发生皂化所致。此时应补加中性乙醚-乙醇混合溶剂以消除混浊,或改用碱乙醇溶液进行滴定。

七、思考题

1. 样品在滴定完成30 s不褪色后,在空气中放置几分钟,又会发生什么现象,原因是什么,此时应如何处理?

2. 国标中规定食用油的酸价不得超过多少,本实验所测样品的酸价超标吗?

实验十七 茶叶中多酚类物质总量的测定

一、实验目的

1. 了解测定茶多酚的基本原理。

2. 学会测定不同茶类中多酚类物质总量的方法。

二、实验原理及应用

过量酒石酸铁在茶多酚溶液中与茶多酚反应生成稳定的紫褐色络合物,溶液颜色的深浅与溶液中茶多酚的含量成正比。因此,可通过比色法定量测定茶多酚。

研究表明,以儿茶酚作为测定标准物可以较好地代表茶多酚,所以一般可用儿茶酚来制作标准曲线。如果希望进一步简化分析操作,可用"光密度为1.00时,供试液中茶多酚的质量浓度为7.826 mg/mL"这一经验比,直接从试液的吸光度测定值来计算样品的茶多酚含量。

酒石酸铁比色法是测定多酚物质总量的方法之一,并被认为是测定茶多酚精度较高的方法。这种方法也可用于含有儿茶酚和无色花色素结构的多酚类物质的其他食品。酒石酸铁与单酚、二酚和三酚络合产物的颜色随着酚羟基的增加而加深,使测定结果偏高,可根据不同食品中多酚物质的种类选择合适的标准物质制作标准曲线,以克服这种误差。

三、器材与试剂

1. 器材。

(1) 水浴锅。

(2) 分光光度计。

(3) 研钵。

(4) 三角瓶。

(5) 量筒。

(6) 漏斗。

(7) 滤纸。

(8) 容量瓶。

(9) 刻度吸量管。

(10) 洗耳球。

2. 试剂。

(1) 酒石酸铁溶液：称取 $FeSO_4 \cdot 7H_2O$ 1 g 和四水合酒石酸钾钠 5 g，混合后加蒸馏水溶解，定容到 1 000 mL。

(2) pH7.5 的磷酸盐缓冲液：称取 $Na_2HPO_4 \cdot 12H_2O$ 60.2 g 和 $NaH_2PO_4 \cdot 2H_2O$ 5 g，混合后加蒸馏水溶解，定容到 1 000 mL。磷酸盐缓冲液在常温下易发霉，应当冷藏。

3. 食品材料。

(1) 红茶。

(2) 绿茶。

(3) 白茶。

(4) 乌龙茶。

四、实验操作

1. 样品试液制备。

准确称取磨碎并混匀的茶叶样品 1 g 于三角瓶中，加入沸水 80 mL，在沸水浴中保温浸提 30 min，然后过滤、洗涤，滤液和洗涤液合并转入 100 mL 容量瓶中，冷却后加蒸馏水定容。

2. 测定。

吸取样品试液 1 mL 于 25 mL 容量瓶中，加入蒸馏水 4 mL 和酒石酸铁溶液 5 mL，摇匀，再加入 pH7.5 的磷酸盐缓冲液稀释至刻度；以蒸馏水代替样品试液，加入同样的试剂作空白，以试剂空白溶液作参比，用 1 cm 光程的比色杯，在波长 540 nm 处测定吸光度。

五、计算

$$\text{茶多酚含量} = (A \times 3.914 \times V)/(1\,000 \times V_1 \times m) \times 100\% \tag{17-1}$$

式(17-1)中，A 为样品试液的吸光度；V 为样品试液的总量，mL；V_1 为测定时吸取的样品试液量，mL；m 为称取茶叶样品的质量，g。

六、思考题

比较不同品种茶中的茶多酚含量。

实验十八 绿叶蔬菜中叶绿素含量的测定

一、实验目的

1. 了解叶绿素的基本理化特性。

2. 学会绿叶蔬菜中叶绿素含量的测定方法。

二、实验原理及应用

叶绿素含量的多少对植物性食品的色泽有重要影响。叶绿素在植物细胞中与蛋白质结合成叶绿体,当细胞死亡后,叶绿体即被解离,随之叶绿素游离出来。游离的叶绿素很不稳定,对光、热都较敏感,在酸性条件下很快生成褐色的脱镁叶绿素,加热可使该反应加速。但在弱碱性条件下,叶绿素会被水解为叶绿酸盐、叶绿醇及甲醇。叶绿酸盐呈鲜绿色,这是一些果蔬产品加工时常用弱碱处理的原因。

高等植物体内叶绿素有 a、b 两种,二者都易溶于乙醇、乙醚、丙酮和氯仿。叶绿素 a、b 分别对 663 nm 和 645 nm 波长的光有最大吸收,且两吸收曲线相交于 652 nm 处。因此,将食品中叶绿素经适当提取,然后在 645 nm、652 nm 和 663 nm 处测其吸光度,从而求得叶绿素含量。

三、器材与试剂

1. 器材。

(1) 通风橱。

(2) 分析天平。

(3) 分光光度计。

(4) 称量纸。

(5) 研钵。

(6) 量筒。

(7) 滤纸。

(8) 抽滤装置。

(9) 玻璃棒。

(10) 100 mL 容量瓶。

2. 试剂。

(1) 碳酸钙。

(2) 丙酮。

(3) 石英砂。

3. 食品材料:绿叶蔬菜。

四、实验操作

1. 绿叶蔬菜洗净,擦干,除去叶柄(叶梗)→称取 1 g 绿色叶片→洗净吸干水分→撕碎放入研钵→加入少许石英砂和 $CaCO_3$,充分研磨,破碎青菜中组织→在通风橱中,用量筒量取 10 mL 丙酮倒入研钵中,充分研磨至组织变白,暗处静置 3 min。

2. 抽滤所得的匀浆,用少量丙酮多次洗涤残渣,直到残渣不带绿色为止,将溶液合并后用丙酮定容至 100 mL,摇匀。

3. 在波长 663 nm 和 645 nm 下,以丙酮为空白,测定叶绿素—丙酮溶液的吸光度。

五、计算

1. 总叶绿素、叶绿素 a 和叶绿素 b 浓度(mg/L)的计算公式如下:

$$\text{叶绿素 a}=12.71A_{663}-2.59A_{645} \tag{18-1}$$

$$\text{叶绿素 b}=22.88A_{645}-4.67A_{663} \tag{18-2}$$

$$\text{叶绿素总量}=20.29A_{645}+8.04A_{663} \tag{18-3}$$

式中,A_{663}和A_{645}分别代表波长 663 nm 和 645 nm 测定叶绿素—丙酮溶液所得的吸光值。

2. 计算样品中叶绿素的含量,表达为 1 g 青菜叶中含有的叶绿素的 mg 数。

$$\text{叶绿素含量(mg/g)}=C\times V/m \tag{18-4}$$

式(18-4)中,C 为叶绿素浓度(mg/L); V 为提取液总体积(0.1 L); m 为取样鲜重(1 g)。

六、实验注意事项

1. 叶绿素在样品各组织中的分布是不均一的,因此取样时要相对一致为了避免叶绿素的光分解,研磨时间尽可能短些。

2. 抽滤时必须将滤纸及叶片残渣洗至无绿色为止,比色时提取液不能混浊。

七、思考题

1. 在破碎青菜组织时,为什么要加入碳酸钙?

2. 叶绿素 a 和叶绿素 b 的结构有何不同?

模块三

SHIPIN ZHUANYE JICHU SHIYAN

食品原料学实验

实验十九 粮油千粒重、容重、比重的测定方法

一、实验目的

1. 了解粮油千粒重、容重、比重的概念及测定的意义。

2. 学会粮油千粒重、容重、比重的测定方法及所涉及仪器设备的使用方法。

二、实验原理及应用

1. 粮油千粒重。

粮油千粒重是指一千粒粮油籽粒所具有的质量,单位是 g,是粮油籽粒大小、饱满度的重要标志之一,包括自然水分千粒重和干基千粒重。自然水分千粒重是指含自然水分一千粒粮油籽粒的质量;干基千粒重是指扣除水分含量的一千粒粮油籽粒的质量。本实验测定的是自然水分千粒重。

2. 粮油容重。

粮油容重是指粮油籽粒在单位容积内的质量,单位是 g/L。用特定的容重器按规定的方法测定固定容器(1 L)内可盛入粮油籽粒的质量,是粮油籽粒大小、形状、整齐度、重量、腹沟深浅、胚乳质地等质量的综合标志。凡颗粒细小、参差不齐、外形圆滑、内部充实、组织结构致密、水分及油分含量低、淀粉和蛋白质含量高,并混有各种沉重的杂质,则容重较大;反之容重较小。

3. 粮油比重。

粮油比重又叫相对密度,即粮油净体积的质量与同体积水的质量之比,也就是粮油的绝对重量和它的绝对体积之比。大多数作物越成熟,内部积累的营养物质越多,则籽粒越充实,比重就越大。但油料作物恰好相反,籽粒发育条件越好,成熟度越高,则比重越小,因为籽粒所含油脂随成熟度和饱和度而增加。因此,粮油比重不仅是一个衡量品质的指标,而且在某种情况下,可作为籽粒成熟度的间接指标。

三、器材与食品原料

1. 器材。

(1) 分样器。

(2) 分析天平。

(3) 分析盘。

(4) 镊子。

(5) GHCS-1000 型谷物容重器(图 19-1)。

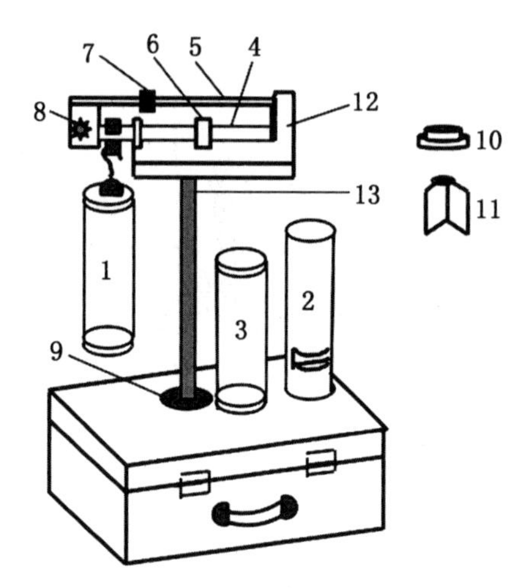

1—1 L 容量筒;2—漏斗筒;3—空筒;4—粗秤杆;5—细秤杆;6—大游砣;7—小游砣;8—调节螺丝;9—容器座;10—排气砣;11—插片;12—平衡指板;13—支柱

图 19-1 GHCS-1000 型谷物容重器

(6) 比重瓶。

(7) 吸量管。

(8) 水浴锅。

2. 试剂。

20%乙醇。

3. 食品原料。

(1) 大粒粮(如大豆、玉米等)。

(2) 中粒粮(如小麦、绿豆等)。

(3) 小粒粮(如小米、芝麻等)。

四、实验操作

1. 粮油千粒重的测定。

从粮油样品中随机取出大约 500 粒试样,挑出完整粒并称重(m),精确到 0.01 g;记录完整粒的粒数(N)。每份样品平行测定两次取平均值。

结果计算:

$$千粒重(g)=m/N\times 1\,000 \tag{19-1}$$

式(19-1)中，m 为实测试样重量(g)；N 为实测试样粒数。

2. 粮油容重的测定(GHCS-1000 型谷物容重器测定)。

(1) 安装：打开箱盖，取出所有部件，放稳铁板底座。

(2) 电子秤校准、校零：接通电子秤电源，打开开关预热，并按照 GHCS-1000 型谷物容重器使用说明书进行校准；然后，将带有排气砣的容量筒放在电子秤上，将电子秤清零。

(3) 测定：取下容量筒，倒出排气砣，将容量筒安装在铁板座上，插上插片，并将排气砣放在插片上，套上中间筒。关闭谷物筒下部的漏斗开关，将制备好的试样倒入谷物筒内，装满后用板刮平。将谷物筒套在中间筒上，打开漏斗开关，待试样全部落入中间筒后关闭漏斗开关。握住谷物筒与中间筒结合处，平稳迅速地抽出插片，使试样与排气砣一同落入容量筒内，将插片准确、快速地插入容量筒豁口槽中，依次取下谷物筒，拿起中间筒和容量筒，倒净插片上多余的试样，取下中间筒，抽出容量筒上的插片。

(4) 称量：将容量筒(含筒内试样及排气砣)放在电子秤上称量，称量的质量即为试样容重(g/L)。

(5) 平行试验：从平均样品中分出两份试样，做平行试验，取平均值。

3. 粮油比重的测定。

(1) 量筒法：室温(22±5 ℃)下，向量筒中注入 20%乙醇 10 mL；然后放入试样约 5 g(m_1，精确至 0.01 g)，稍加摇动，逐出气泡，待液面平稳后，立即读取液体上升的体积数(V)。

(2) 密度瓶法：室温(22±5 ℃)下，向密度瓶内注入 20%乙醇，通过活塞调节液面至零位处；然后放入试样约 5 g(m_1，精确至 0.01 g)，稍加摇动，逐出气泡，待液面平稳后，立即读取液体上升的体积数(V)。

(3) 结果计算：

$$\text{粮油比重}=\frac{m_1}{m_2}=\frac{m_1}{V} \tag{19-2}$$

式(19-2)中，m_1 为试样质量，单位为 g；m_2 为与试样同体积水的质量($m_2=V\cdot d_{\text{水}}$，$d_{\text{水}}$ 为水的密度，取近似值 1 g/mL)，单位为 g。V 为试样体积，单位为 mL。

五、思考题

1. 阐述粮油千粒重、容重、比重的概念，计算方法及三者的关系？

2. 为什么大多数粮食作物成熟度越高，其比重越大，而油料作物恰恰相反？

实验二十 果蔬一般物理性状的测定

一、实验目的

1. 了解测定果蔬一般物理性状的意义。

2. 学会测定果蔬的重量、大小、硬度、性状、色泽和可溶性固形物等物理性状的方法。

二、实验原理及应用

果蔬一般物理性状的测定是用一些物理的测量方法来表示其重量、大小、比重、容重和硬度等物理性状,其中也包含了某些感官性状,如形状、色泽、新鲜度和成熟度等。果实在成熟、采收、运输、储藏及加工期间物理特性的变化,反映了其组织内部一系列复杂的生理生化变化。因此,对物理性状的测定是进行化学测定的基础,是确定采收成熟度,识别品种特性,进行产品标准化的必要措施,为确定加工贮藏的条件提供依据。

三、器材与食品原料

1. 器材。

(1) 游标卡尺。

(2) 托盘台秤。

(3) 比色卡。

(4) 榨汁器。

(5) 果实硬度计。

(6) 排水筒。

(7) 量筒。

2. 食品原料。

(1) 苹果。

(2) 梨。

(3) 柑橘。

(4) 葡萄。

(5) 番茄。

(6) 青椒。

(7) 洋葱。

四、实验操作

1. 单果重(g):取 10 个果实,放在托盘台秤上称重,记录重量,求出平均果重。

2. 果形指数(纵径/横径):取 10 个果实,用游标卡尺测量果实的纵径和横径(cm),求出果形指数,以了解果实的形状和大小。

3. 果面特征:取 10 个果实进行总体观察,记载果实的粗细、底色和面色的状况,果实底色可分为深绿、绿、浅绿、绿黄、浅黄、黄、乳白等,也可用特制的比色卡进行比较,分成若干级。果实因种类和品种不同,所表现出的面色有所差别,应根据实际观察到的情况,记录颜色的种类、深浅和占果实表面积的百分比。

4. 果肉比率(%):取 10 个果实,除去果皮、果心、果核或种子,分别称取各部分的重量,以求果肉(或可食部分)的比率。汁液多的果实,可将果汁榨出,称量果汁重量,求出果实的出汁率。

5. 果实硬度:以果实硬度计测头对果实果肉组织垂直施压,果肉所能承受的压力即为果实硬度,单位为 g 或 kg。测量前,手压硬度计测头 2、3 次,以释放仪器内部弹簧压力,然后将仪器调整至零位。测定硬度大于 10 kg 的果实时,应将手持硬度计装在支架上测量。取 10 个果实,在每个果实的相对面或阴阳面上各选 1 个测试部位(小型果可在果肉厚实的位置选 1 个测试部位),削去一薄层果皮,测试面要平整,削去的果皮不宜过厚,尽可能减少果肉的损失,削皮面积略大于所使用硬度计测头面积。测量时,一只手握果实,另一只手握硬度计,硬度计测头垂直果面,均匀且缓慢用力插入测头,不得转动压入,测头进入水果的深度,应与测头上的标示一致,记录读数,保留两位小数。

6. 果实比重(g/cm^3):取 10 个果实,在托盘台秤上称量果实的重量 m。将排水筒装满水,多余的水由溢水孔流出,至不滴水为止,置一量筒与溢水孔下面,将果实轻轻放入排水筒中,此时溢水孔流出的水盛于量筒内。再用细铁丝将果实全部浸入水中,待溢水孔水滴滴尽为止。用量筒量出果实的排水量,即果实体积 V,按如下公式计算果实比重:

$$果实比重(P)=果实重量(m)/果实体积(V) \tag{20-1}$$

7. 果蔬容重(kg/m^3):果实容重是指 1 m^3 容积果蔬的重量,它与果蔬的包装、运输和贮藏关系十分密切。可选用包装容器,如竹筐、纸箱、木桶或特制一个 1 m^3 的容器,装满某种水果或蔬菜,取出并称其重量(kg),计算容器的容积(m^3),即可求出该种果蔬的容重。

五、思考题

1. 测定果实硬度时为什么要去皮?为什么选择果实的相对面或阴阳面部位进行测定?

2. 试阐述果实比重和果蔬容重的区别?

3. 结合本实验各项指标和生活经验,可以通过哪些物理性状判断果实的成熟度?

实验二十一　禽蛋原料的品质检验

一、实验目的

1. 了解禽蛋新鲜度和品质检验的指标。

2. 了解禽蛋的分级标准。

3. 学会禽蛋新鲜度和品质的评定方法。

二、实验原理及应用

1. 蛋重。

禽蛋重量是评定蛋的等级、新鲜度和结构的重要指标，蛋重与家禽种类、品种、日龄、气候、饲料和贮藏时间有密切关系。很多国家都以蛋重作为区分等级的标准。鸡蛋的国际重量标准为每个 58 g。

2. 比重。

禽蛋比重是区别蛋新鲜程度的重要标准，禽蛋存放时间越长，则蛋内水分蒸发越多，其比重越小。新鲜蛋的比重在 1.080—1.090 之间，1.073—1.080 之间为普通蛋，小于 1.060 为陈次蛋或腐败蛋。

3. 照视检查。

根据禽蛋本身具有透光性的特点，在灯光透视下，观察蛋壳、气室高度、蛋白、蛋黄、系带和胚胎状况等，可对蛋的品质做出综合评定。

4. 气室大小。

刚产下的蛋没有气室，当蛋接触空气，蛋内容物遇冷发生收缩，使蛋的内部暂时形成一部分真空，外界空气便由蛋壳气孔和蛋壳膜网孔进入蛋内，形成气室。新鲜蛋气室小，随着存放时间延长，内容物的水分不断消失，气室会不断增大。气室的大小与蛋的新鲜程度有关，是评价和鉴别蛋新鲜度的重要指标。

5. 蛋黄指数。

蛋黄指数是蛋黄高度与蛋黄直径的比值，表示蛋黄体积增大的程度，蛋越陈旧，其蛋黄指数越小。新鲜蛋的蛋黄指数在 0.40 以上；普通蛋的蛋黄指数为 0.35—0.40；合格蛋蛋黄指数为 0.30—0.35；当蛋黄指数小于 0.25 时，几乎为散黄蛋。

三、器材与食品原料

1. 器材。

(1) 大烧杯。

(2) 电子天平。

(3) 照蛋器。

(4) 气室高度测定规尺或万能表格纸。

(5) 培养皿。

(6) 罗氏比色扇。

(7) 游标卡尺。

(8) 玻璃板。

2. 食品原料。

(1) 新鲜鸡蛋若干。

(2) 陈次鸡蛋若干。

(3) 食盐。

四、实验操作

1. 外观检验。

用肉眼观察禽蛋的形状、大小、色泽、蛋壳的完整性和污染情况。蛋壳的颜色一般分为白色、粉色、褐色、深褐色、青色等。新鲜蛋的蛋壳应完整、清洁、坚实,色泽和蛋形正常,表面粗糙、无光泽,有一层粉状物(壳外膜)。陈次蛋的壳外膜脱落,表面光滑有光泽,颜色变暗灰色或青白色。

2. 蛋重。

用电子秤称量禽蛋的重量,精确到 0.1 g。测量多个蛋的重量,求平均值。

3. 比重的测定。

测定时先配制成 11%、10%和 8%三种浓度的食盐溶液,其比重分别为 1.080、1.073 和 1.060,用比重计校正后分别盛于大烧杯内。将被检蛋放于比重 1.080 的食盐水中,下沉者为比重大于 1.080 的新鲜蛋;上浮者转入比重 1.073 的食盐水中,下沉者为比重小于 1.080 大于 1.073 的蛋,评为普通蛋;上浮者再转放于比重 1.060 的食盐水中,下沉者为合格蛋,上浮者为陈旧蛋或腐败蛋。

4. 照视检查。

照视检查是利用灯光照检禽蛋的好坏。照蛋时将蛋的大头放到照蛋孔前,使灯光透过禽蛋,并左右旋转,使蛋内的蛋黄、蛋白随着蛋的转动而转动,借以观察蛋内的蛋黄位置、蛋白状况、气室大小、透光性、颜色、有无异物及变质情况等。

5. 气室大小的测定。

气室大小可用气室高度和气室底部直径来表示。气室高度用专用的测定规尺或用厚纸板贴上万能表格纸再剪成半圆形缺口的自制检测尺来测量。测定时先将蛋的大头用照蛋器照视，用铅笔在气室的左右两边画一标记，然后将大头向上置于规尺半圆形切口内，读出气室两端各落在规尺刻度线上的刻度数(单位：mm)，如图 21-1。

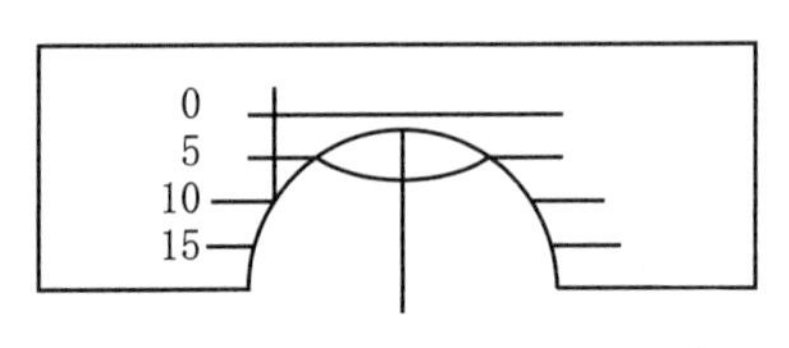

图 21-1　气室高度测定规尺示意

气室高度计算方法如下：

$$气室高度=(气室左边高度+气室右边高度)/2 \tag{21-1}$$

气室底部直径可用游标卡尺量出。最新鲜蛋的气室高度小于 3 mm，底部直径 10—15 mm；普通蛋高度为 10 mm 以内，直径 15—25 mm；可食蛋高度在 10 mm 以上，直径 30 mm。

6. 开蛋检验。

(1) 感官检验：蛋打开后，将其内容物置于玻璃平皿内，观察蛋黄与蛋白的颜色、稠度和性状。蛋黄颜色用罗氏比色扇确定，观察有无血斑和肉斑、胚盘是否发育，有无异物和异味等。用剪刀将浓蛋白剪开，观察蛋内稀蛋白流出，并仔细观察两条系带。

(2) 蛋黄指数的测定：测定时将蛋打在水平的玻璃板上，在蛋白与蛋黄不分离的状态下，用高度游标卡尺测出蛋黄高度，再用普通游标卡尺测出蛋黄宽度。测量时以卡尺刚接触蛋黄膜为宜，且应在 90°相互垂直的方向上各测两次，求其平均值。蛋黄指数计算方法如下：

$$蛋黄指数=蛋黄高度/蛋黄直径 \tag{21-2}$$

新鲜蛋的蛋黄指数为 0.40 以上，普通蛋的蛋黄指数为 0.35—0.40，合格蛋蛋黄指数为 0.30—0.35。

五、思考题

1. 为什么说气室大小是鉴别禽蛋新鲜度的一个重要指标？如何测定禽蛋的气室大小？

2. 新鲜鸡蛋打开后蛋黄凸出，而陈次蛋打开后蛋黄则呈扁平状，为什么？

3. 总结归纳禽蛋品质检验的指标有哪些。

实验二十二　原料乳新鲜度的常规检验和掺假掺杂乳的鉴定

一、实验目的

1. 了解原料乳正常的感官性状应具有的特征。

2. 掌握原料乳常规理化检验的原理和常见掺假掺杂乳的类型。

3. 学会原料乳常规理化检验方法和掺假掺杂乳鉴定方法。

二、实验原理及应用

1. 感官检验。

鲜乳挤出后若不及时冷却,污染的微生物就会迅速繁殖,使乳中细菌数量增多,酸度增高,风味恶化,新鲜度下降,影响乳的品质和加工利用。

2. 酒精试验。

新鲜乳中的酪蛋白微粒,由于其表面带有相同的电荷及水合作用,故以稳定的胶粒悬浮状态分散于乳中。当乳的新鲜度下降、酸度增高时,酪蛋白所带的电荷就会发生变化。当pH达4.6时,酪蛋白胶粒形成数量相等的正负电荷,失去排斥力,胶粒聚合而沉淀析出。当向乳中加入强亲水性物质酒精,就能夺取酪蛋白表面的结合水层,胶粒易被沉淀析出。酒精试验就是借助于不同酸度的乳加入酒精后,酪蛋白凝结的情况不同,从而判断乳的新鲜程度。酸度越高,酒精浓度越大,乳的凝絮现象就越易发生。

3. 刃天青试验。

刃天青为氧化还原反应的指示剂,加入正常鲜乳中时呈青蓝色。如果乳中有细菌活动时能使刃天青还原,发生如下颜色变化:青蓝色→紫色→红色→白色。故可根据变色程度和所需要的时间,推断乳中细菌数,进而判定乳的质量。

4. 乳酸度的测定。

新鲜乳的酸度一般为16—18 °T。在牛乳存放过程中,由于微生物水解乳糖产生乳酸,使乳的酸度升高。所以测定乳的酸度是判定乳新鲜度的重要指标。通常以滴定酸度(°T)表示。

5. 掺水乳的检验。

牛乳的比重一般为1.028—1.034,其与乳非脂固体物的含量百分数成正比。当乳中掺水后,乳中非脂固体含量百分数降低,比重也随之变小。当被检乳的比重小于1.028时,便有掺水的嫌疑,可用比重数值计算掺水百分数。

6. 掺淀粉乳的检验。

向乳中掺淀粉可使乳变稠,使掺水的原料乳比重接近正常,但可能出现沉渣物。对有沉渣物的原料乳,应进行掺淀粉检验。

三、器材与食品原料

1. 器材。

(1) 试管(20 mL)。

(2) 刻度吸管(1 mL、2 mL、5 mL、10 mL)。

(3) 有塞刻度试管。

(4) 烧杯(200 mL)。

(5) 乳稠计。

(6) 量筒(20 mL、250 mL)。

(7) 温度计。

(8) 恒温水浴锅。

2. 食品原料。

(1) 不同新鲜度的牛乳样品 2 个。

(2) 掺水与未掺水乳样品各一个。

(3) 掺淀粉和正常乳样品各一个。

3. 试剂。

(1) 68°中性酒精溶液。

(2) 碘溶液:取碘化钾 4 g 溶于少量蒸馏水中,然后用此溶液溶解结晶碘 2 g,待结晶碘完全溶解后,移入 100 mL 容量瓶中,加入至刻度即可。

(3) 刃天青试剂。

基础液:取 100 mL 分析纯刃天青于烧杯中,用少量煮沸过的蒸馏水溶解后移入 200 ml 容量瓶中,加水至标线,储于冰箱中备用,此液含刃天青 0.05%。

工作液:以 1 份基础液加 10 份经煮沸后的蒸馏水混合均匀即可,储于棕色瓶中避光保存。

(4) 0.1 mol/L NaOH 溶液。

(5) 0.5%酚酞指示剂。

四、实验操作

1. 感官检验。

取 200 mL 样品置于清洁的烧杯中,在自然光下观察色泽和组织状态,然后闻气味。评定方法如下：

色泽：呈乳白色或稍带微黄色，不能带有红色、绿色、黄色或其他异色。

组织状态：均匀不透明胶体，不能含有肉眼可见的异物，如尘埃、牛粪、饲料碎屑、昆虫等异物，不能发黏或有凝块。

气味：将少许牛乳倒入试管中加热后，嗅其气味，应具有清香味，不能含有酸味、臭味、腥味和其他异常气味等。

滋味：口尝加热后乳的滋味，应具有牛奶特有的乳香味，不能含有苦、咸、涩等滋味。

2. 酒精试验。

取乳样 2 ml 于清洁试管中，加入等量的 68°酒精溶液，迅速地轻轻摇动使其充分混合，观察有无白色絮片生成。如无絮片，则表明是新鲜乳，其酸度不高于 20°T，称为酒精阴性乳。出现絮片的乳，为酸度较高的不新鲜乳，称为酒精阳性乳。根据絮片的特征，可大致判断乳的酸度。不同酸度牛乳被 68°酒精凝结的特征如表 22-1。

表 22-1 牛乳酒精凝结特征

牛乳酸度(°T)	凝结特征	牛乳酸度(°T)	凝结特征
18—20	不出现絮片	25—26	中型的絮片
21—22	很细小的絮片	27—28	大型的絮片
23—24	细小的絮片	29—30	很大的絮片

注意事项：a.非脂乳固体较高的水牛乳、牦牛乳和羊乳，酒精试验呈阳性反应，但热稳定性不一定差，乳不一定不新鲜。因此对这些乳进行酒精试验，应选用低于 68°的酒精溶液；

b. 牛乳冰冻也会形成酒精阳性乳，但这种乳热稳定性较高，可作为乳制品原料；

c. 酒精要纯，pH 必须调到中性，配置时间超过 5—10 天必须重新调节。

3. 刃天青试验。

(1) 吸取 10 mL 乳样于刻度试管中，加刃天青工作液 1 mL，混匀，用灭菌胶塞塞好，但不要塞严。

(2) 将试管置于(37±0.5)℃的恒温水浴锅水浴加热。当试管内混合物加热到 37 ℃时(用加奶的对照试管测温)，将管口塞紧，开始计时，慢慢转动试管(不振荡)，使之受热均匀，于 20 min 时第一次观察试管内容物的颜色变化，记录；水浴到 60 min 时进行第二次观察，记录结果。

(3) 根据两次观察结果，按表 22-2 项目判定乳的等级质量。

表 22-2 乳的等级

级别	乳的质量	乳的颜色		凝结特征
		经过 20 min	经过 60 min	
1	良好	—	青蓝色	不出现絮片
2	合格	青蓝色	蓝紫色	大型的絮片
3	不好	蓝紫色	粉红色	很大的絮片
4	很坏	白色	—	很大的絮片

4. 乳酸度的测定。

用吸管量取 10 mL 经混匀的乳样,放入三角瓶中,加入 20 mL 蒸馏水和 10 滴酚酞指示剂。将混合物摇匀后,以 0.1 mol/L NaOH 滴定,边滴边摇,直至出现微红色且在 1 min 内不消失为止。将用去的 0.1 mol/L NaOH 的毫升数乘 10,即为 100 mL 乳样的滴定酸度。如所用碱液并非精确到 0.1 mol/L,则可按下列公式计算:

$$测定酸度(°T)=用去碱液毫升数×碱液实际浓度 \tag{22-1}$$

注意事项:a.使用的 0.1 mol/L NaOH,应经精密标定后使用,其中不应含有 Na_2CO_3,故所用蒸馏水应先经煮沸冷却,以驱除 CO_2;

b. 温度对乳的 pH 有影响,因乳中具有微酸性物质,解离程度与温度有关,温度低时滴定酸度偏低,最好在(20±5)℃时滴定为宜;

c. 滴定速度越慢,则消耗碱液越多,误差越大,最好在 20—30 s 内完成滴定。

5. 掺水乳的检验。

(1) 将乳样充分搅拌均匀后小心地沿量筒壁倒入筒内 2/3 处,防止产生泡沫而影响读数。将乳稠计小心地放入乳中,使其沉入到 1.030 刻度处,让其自由浮动,并沿管壁插入一支温度计。待乳稠计静置 2—3 min 后,分别读取乳稠计和温度计数值。

(2) 计算乳样的密度:乳的密度是指 20 ℃时乳与同体积 4 ℃水的质量之比,所以,如果乳温不是 20 ℃时,需要校正。在乳温为 10—25 ℃时,乳密度随温度的升高而降低,随温度的降低而升高。温度每升高或降低 1 ℃时,实际密度减小或增大 0.000 2。故校正为实际密度时应加上或减去相应数值。如:乳温为 18 ℃时测得密度为 1.034,则校正为 20 ℃乳的密度为:1.034-[0.000 2×(20-18)]=1.033 6。

(3) 计算乳样的比重:将求得的乳样密度加上 0.002,即换算为被检乳样的比重。与正常的比重对照,以判断掺水与否。

(4) 测出被检乳的比重后,可按如下公式求出掺水百分数:

$$掺水量(\%)=(正常乳比重-被检乳比重)/正常乳比重×100\% \tag{22-2}$$

6. 掺淀粉乳的检验。

取乳样 5 mL 倒入试管中,加入碘溶液 2—3 滴。乳中有淀粉时,即出现蓝色、紫色或暗红色及其沉淀物。

五、思考题

1. 优质原料乳的感官性状应具有哪些特征?
2. 原料乳若贮存不当,其酸度如何变化? 为什么?
3. 掺水乳检验的原理是什么?

模块四

基础微生物学实验

实验二十三 普通光学显微镜的使用

一、实验目的

1. 了解普通光学显微镜的构造与原理。

2. 学会低倍镜、高倍镜、油镜的使用方法和维护保养技能。

二、实验原理及应用

1. 普通光学显微镜的结构。

光学显微镜是一种精密的光学仪器,其放大成像是通过透镜来完成的,基本成像原理如下:

光线→彩虹光阑→聚光器→通光孔→镜检样品(透明)→物镜的透镜(第一次放大成倒立实像)→镜筒→目镜(再次放大成虚像)→眼。

当前使用的普通光学显微镜(图 23-1)由一套透镜配合,因而可选择不同的放大倍数对

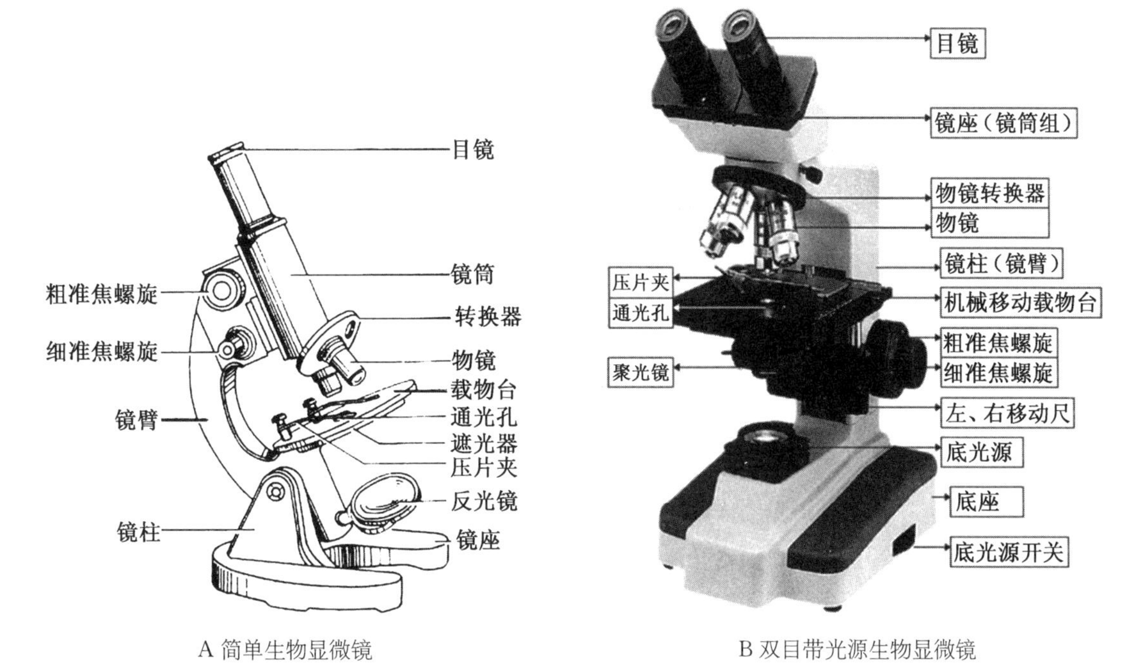

A 简单生物显微镜

B 双目带光源生物显微镜

图 23-1 显微镜的基本结构

物体的细微结构进行放大观察。普通光学显微镜可将物体放大 1 500—2 000 倍(最大分辨率为 0.2 μm)。

普通光学显微镜的构造可分为光学系统和机械装置两大部分。

(1) 光学系统。显微镜的光学系统由目镜、物镜、聚光器和光源等组成,光学系统使物体放大,形成物体放大像。

目镜:其作用是把物镜放大了的实像再放大一次,并把物像映入观察者的眼中。通常由两片透镜组成,上面一块为接目透镜,下面一块为聚透镜。两片透镜有金属制的环状光阑。光阑的大小决定了视野的大小,光阑的边缘就是视野的边缘,因此又称为视野边缘。由于标本正好在光阑内成像,因此在光阑上黏一小段细发作为指针,可用来指示标本的具体部位。光阑上还可放置测量微生物大小的目镜测微尺。在目镜上刻有放大倍数,如 10 倍(10×)、40 倍(40×)等。为了使显微镜获得最大有效放大倍数和最高分辨率,必须合理选配目镜。

物镜:是显微镜最重要的光学部件,利用光线使被检物体第一次成像,物镜的技术参数直接影响成像的质量,是衡量一台显微镜质量的首要标准,技术参数大多刻在物镜筒上(图 23-2),主要有放大倍数、数值孔径(NA)、工作距离、机械筒长及指定盖玻片的厚度等主要参数。

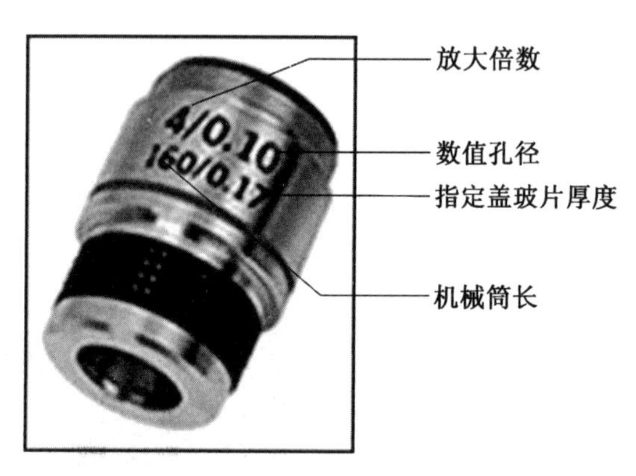

图 23-2 物镜的主要参数

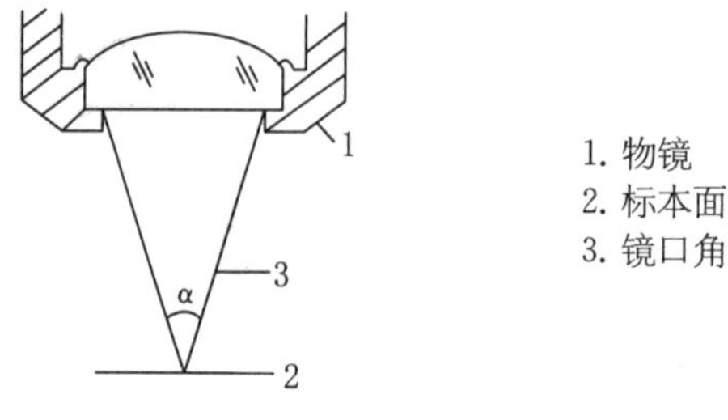

图 23-3 物镜的镜口角

放大倍数又称放大率,指在显微镜下所看到的物像和实际物体之间的大小比例。物镜有低倍(10×)、中倍(20×)、高倍(40—65×)和油镜(90×以上)等不同放大倍数。油镜镜壁上刻有“OI”或“HI”字样,也有刻一圈红线或黑线为标记的,借以区别其他物镜。显微镜总放大倍数等于目镜放大倍数与物镜放大倍数的乘积,如目镜放大倍数为(10×),物镜放大倍数为高倍(40×),此时显微镜总放大倍数为 400。

数值孔径又叫作镜口率,简写为 NA,它是指介质的折射率 n 与镜口角(图 23-3)的一半($\alpha/2$)的正弦值的乘积,其计算公式为:$NA=n\times\sin\alpha/2$。n 为物镜与标本间介质的折射率,空气的折射率为 1.0,水的折射率为 1.33,香柏油的折射率为 1.52,玻璃的折射率为 1.5; α 为镜口角,即通过标本的光线延伸到物镜前透镜边缘所形成的夹角,一般镜口角 α 总是小于 180°,以此推算,则 $\alpha/2$ 小于 90°, $\sin\alpha/2$ 小于 1。如果物镜的镜口角为 110°,介质为空气,则其数值孔径为:$NA=1\times\sin 55°=0.82$;如果在物镜与物体之间滴入松柏油($n=1.52$),则其数值孔径为 $NA=1.52\times\sin 55°=1.25$。

物镜的性能主要取决于物镜的数值孔径,数值孔径越大,物镜的性能越好,其分辨率也就越高,即分辨出物体两点最小距离(D)的能力就越强。D 值可用 $D=\lambda/NA$ 表示,其中 λ 为光波的波长,波长越短,数值孔径越大,在显微镜中就能看到更细微的部分。所以,当用数值孔径为 1.25 的油镜来观察标本时,就能分辨出距离不小于 0.2 μm 的物体,而大多数细菌的直径在 0.5 μm 左右,故在油镜下能看清其细胞形态及其部分结构。物镜在设计和使用中指定以空气为介质的称为“干系物镜”(或干物镜),以油为介质的称为“油浸系物镜”(或油物镜)。从图 23-4 可以看出,油物镜具有较高的数值孔径,因为透过油进入到物镜的光线比透过空气进入的多,使物镜的聚光能力增强,从而提高物镜的鉴别能力。

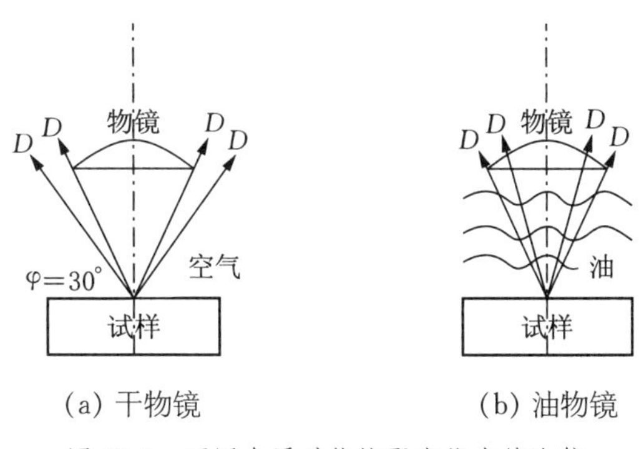

图 23-4　不同介质对物镜聚光能力的比较

工作距离(WD)也叫物距(图 23-5),是指当所观察的标本最清楚时物镜的前端透镜下面到标本的盖玻片上面的距离。物镜的工作距离与物镜的焦距有关,物镜的焦距越长,放大倍数越低,其工作距离越长。例:10 倍物镜上标有 10/0.25 和 160/0.17,其中 10 为物镜的放大倍数;0.25 为数值孔径;160 为镜筒长度(单位 mm);0.17 为盖玻片的标准厚度(单位 mm)。10 倍物镜有效工作距离为 6.5 mm, 40 倍物镜有效工作距离为 0.48 mm(图 23-5、图 23-6、表 23-1)。

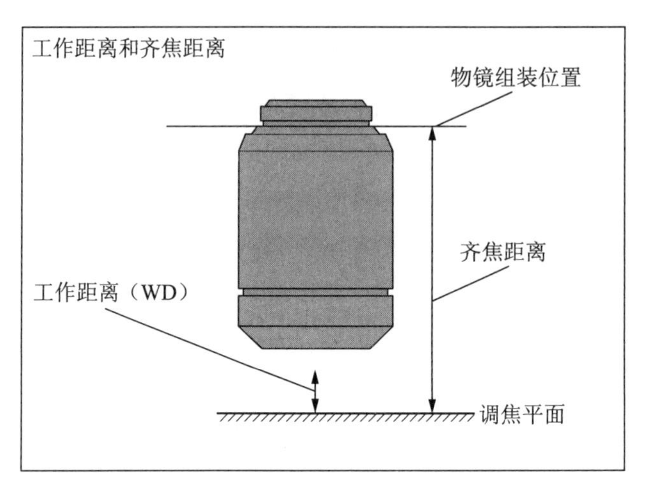

图 23-5　工作距离示意图

4×规格

10×规格

40×(S)规格

100×(S.oil)规格

图 23-6　不同规格的物镜

表 23-1　不同规格物镜(图 23-6)的主要参数

规格	放大倍数(×)	数值孔径(NA)	工作距离(mm)	机械筒长(mm)	工作方式
4×	4	0.10	34.70	160	干
10×	10	0.25	7.316	160	干
40×	40	0.65	0.632	160	干
100×	100	1.25	0.198	160	油

聚光器:在载物台下面,由聚光透镜、彩虹光阑和升降螺旋组成。其作用是将光源经反光镜反射来的光线聚焦于标本上,以得到最强的照明,使物像获得明亮清晰的效果。聚光器

的高低可以调节,使焦点落在被检标本上,以得到最大亮度。一般聚光器的焦点在其上方1.25 mm处,而其上升限度为载物台平面下方0.1 mm。因此,要求使用的载玻片厚度在0.8—1.2 mm之间,否则被检样品不在焦点上,影响镜检效果。在聚光器下安装有彩虹光阑(光圈)可以开大和缩小,影响着成像的分辨力和反差,若将彩虹光阑开放过大,超过物镜的数值孔径时,便产生光斑;若收缩彩虹光阑过小,分辨力下降,反差增大。因此,在使用时应根据观察目的,配合光源强度加以调节,得到最佳成像效果。

聚光器可分为明视场聚光器和暗视场聚光器。普通光学显微镜配置的都是明视场聚光器,明视场聚光器有阿贝聚光器、齐明聚光器和摇出聚光器。

光源:较早的普通光学显微镜借助镜座上的反光镜,将自然光或灯光反射到聚光器透镜的中央作为镜检光源。反光镜是由一平面和另一凹面的镜子组成,可以将投射在它上面的光线反射到聚光器透镜的中央,照明标本。不用聚光器或光线较强时用凹面镜,凹面镜能起会聚光线的作用;用聚光器或光线较弱时,一般都用平面镜。

现在的显微镜一般直接在镜座上安装光源,并有电流调节螺旋,用于调节光照强度。光源类型有卤素灯、钨丝灯、汞灯、荧光灯、金属卤化物灯等。

显微镜光源照明方法分为透射型与反射(落射)型两种。前者是指光源由下而上通过透明的镜检对象;反射型显微镜则是以物镜上方打光到(落射照明)不透明的物体上。

(2) 机械装置。显微镜的机械装置包括:镜座、镜臂、镜筒、物镜转换器、载物台、调焦螺旋和推动器等部件(图23-1)。

镜座:是显微镜的基座部分,用于支持整台显微镜的平稳,多呈马蹄形、三角形、圆形或丁字形等。

镜臂:显微镜后方的弓形部分,是连接镜座和镜筒之间的部分,是移动显微镜时握持的部位。有的显微镜在镜臂与镜柱之间有一活动的倾斜关节,可调节镜筒向后倾斜的角度,便于观察。

镜筒:镜筒上接目镜,下接转换器,形成目镜与物镜(装在转换器下)间的暗室。镜筒长度变化,不仅放大倍率随之变化,而且成像质量也受到影响。因此,使用显微镜时,不能任意改变镜筒长度。国际上将显微镜的标准筒长定为160 mm,此数字标在物镜的外壳上。

物镜转换器:是镜筒下端可自由旋转的圆盘,一般安装3或4个不同放大倍数的物镜。转动转换器,可以按需要将其中的任何一个物镜和镜筒接通,与镜筒上面的目镜构成一个放大系统。

载物台:镜筒下方的平台,中央有一圆形的通光孔,用于放置载玻片。载物台上装有固定标本的弹簧夹,一侧有标本移动螺旋,可移动标本的位置。有的还附有游标尺,可直接计算标本移动的距离以及确定标本的位置。

粗、细调焦螺旋:是装在镜臂或镜柱上的大小两种螺旋,转动时可使镜筒或载物台上下移动,从而调节成像系统的焦距。大的称为粗调焦螺旋,每转动一圈,镜筒升 10 mm;小的为微调焦螺旋,转动一圈可使镜筒仅升降 0.1 mm。一般在低倍镜下观察物体时,以粗调焦螺旋迅速调节物像,使之显像于视野中。在此基础上,再使用高倍镜时,用细调焦螺旋微调。必须注意,一般显微镜装有左右两套调焦旋钮,作用相同,但切勿两手同时转动两侧的旋钮,防止因双手力量不均产生扭力,导致螺旋滑丝。

标本移动螺旋:是移动标本的机械装置,它是由一横一纵两个推进齿轴的金属架构成的,好的显微镜在纵横架杆上刻有刻度标尺,构成很精密的平面坐标系。如果我们必须重复观察已检查标本的某一部分,在第一次检查时,可记下纵横标尺的数值,以后按数值移动标本移动螺旋,就可以找到原来标本的位置。

2. 显微镜使用的注意事项。

(1) 不准擅自拆卸显微镜的任何部件,以免损坏。

(2) 镜面只能用擦镜纸擦,不能用手指或粗布擦,以保证镜面的光洁度。

(3) 观察标本时,必须依次用低倍镜、中倍镜、高倍镜,最后用油镜。在使用油镜时,切不可用粗调节螺旋向下转,以免物镜碰到载玻片而受到损伤或压碎玻片。

(4) 观察时,两眼睁开,养成两眼轮换观察的习惯,能够在左眼观察时,右眼注视绘图。

(5) 拿显微镜时,一定要右手拿镜臂,左手托镜座,不可单手拿,更不可倾斜拿。

(6) 显微镜应存放在阴凉干燥处,以免镜片生霉菌而腐蚀镜片。

3. 普通显微镜的维护及保养工作。

(1) 日常维护保养。

防潮:光学镜片受潮容易生霉、生雾,机械零件受潮后,容易生锈。显微镜箱内应放置 1 至 2 袋硅胶(硅酸干凝胶)作干燥剂。

防尘:注意保持显微镜的清洁。光学元件表面落入灰尘,不仅影响光线通过,而且经光学系统放大后,会生成很大的污斑,影响观察。灰尘、砂粒落入机械部分,还会增加磨损,引起滑动受阻,危害同样很大。

防腐蚀:显微镜不能和具有腐蚀性的化学试剂放在一起,如硫酸、盐酸、强碱等。

防热:避免热胀冷缩引起镜片的开胶与脱落。

因此,生物显微镜要放置在干燥阴凉、无尘、无腐蚀的地方。使用后,要立即擦拭干净,用防尘透气罩罩好或放在箱子内。当显微镜闲置时,用塑料罩盖好,并储放在干燥的地方防尘防霉。将物镜和目镜保存在干燥器之类的容器中,并放些干燥剂。

(2) 光学系统的维护保养。

镜头要保持清洁,只能用软而没有短绒毛的擦镜纸或用干净柔软的绸布轻轻擦拭目镜和物镜镜片。聚光镜和光源(反光镜)只要擦干净就可以了。擦镜纸要放在纸盒中,以防沾染灰尘。切勿用手绢或纱布等擦镜头。

物镜有较顽固的污迹时,可以用溶剂清洗。方法是用脱脂棉花团蘸取少量的二甲苯或镜头清洗液擦拭,并立即用擦镜纸将二甲苯擦去,然后用洗耳球吹去可能残留的短绒。要注意清洗液千万不能渗入到物镜镜片内部,否则会损坏物镜镜片。纯酒精和二甲苯容易燃烧,在电源开关打开或关闭时要特别当心不要引燃这些液体。

目镜是否清洁可以在显微镜下检视。转动目镜,如果视野中可以看到污点随着转动,则说明目镜沾有污物,可用擦镜纸擦拭目镜。如果还不能除去,再擦拭下面的透镜,擦过后用洗耳球将短绒吹去。

在擦拭目镜或由于其他原因需要取下目镜时,都要用擦镜纸将镜筒的口盖好,以防灰尘进入镜筒内,落在镜筒下面的物镜上。

物镜和目镜生霉生雾的处理办法:准备 30%无水乙醇+70%乙醚,将不同镜头单独分开放置干燥剂器皿中,最好用棉花棒、柔软的刷子等比较柔软的东西来擦拭油镜。目镜可以自己拆下来清洗,物镜不要随便拆下。注意擦洗镜头时,不能过于用力,以防止损伤镀膜层。一般 2 个月最好能集中保养一次。显微镜多时,各个镜头要标号以免弄错了搭配。

(3) 机械系统的维护保养。

滑动部位:定期涂些中性润滑脂。

油漆和塑料表面的清洁:顽固的污迹可以使用软性的清洁剂来清洗,建议使用硅布。塑料部分用软布蘸水就可以清洗了。注意不要使用有机溶剂(如酒精、乙醚、稀释剂等),因为会腐蚀机械和油漆,造成损坏。

(4) 定期检查。

为了保持性能的稳定,建议做定期的检查、保养。主要做到防尘、防潮、防热、防腐蚀。用后及时清洗擦拭干净,并定期在有关部位加注中性润滑油脂。对于一些结构复杂,装配精密的零部件,如果没有一定的专业知识、技能和专用工具,就不能擅自拆装,以免损坏零部件。

三、器材与试剂

1. 器材。

(1) 普通光学显微镜。

(2) 微生物染色标本。

(3) 擦镜纸。

(4) 棉签。

(5) 洗耳球。

2. 试剂。

(1) 香柏油。

(2) 二甲苯。

四、实验操作

1. 观察前的准备。

(1) 显微镜的安置。右手握住镜臂,左手托住镜座,使镜体保持直立,平稳地将显微镜搬到实验桌上。桌面要清洁、平稳,要选择临窗或光线充足的地方。单筒的显微镜一般放在身体的左侧,距离桌边6—7 cm处,右侧可放记录本或绘图纸。检查显微镜是否有故障,是否清洁。聚光器、物镜、目镜及载物台等,清洁时先用一个洗耳球吹去附着在表面的灰尘和其他异物,然后再做擦拭。透镜要用擦镜纸擦拭,如有胶或黏污,可用少量二甲苯清洁之。镜身机械部分可用干净软布擦拭。

(2) 调节光源。镜筒升至距载物台1—2 cm处,将低倍镜对准通光孔,聚光器上的彩虹光阑要打开到最大位置,观察目镜中视野的亮度,带光源的显微镜,要打开电源开关,通过调节光源滑动变阻器来调节光照强弱。

如果不带光源的显微镜,要转动反光镜采集光源,并调节聚光器或调节光圈大小,使视野达到最明亮最均匀为止。光线强时用平面镜,光线弱时用凹面镜,反光镜要用双手转动。一般以采集北窗射入的自然散射光为宜,不宜采用直射日光。如遇阴天、下雨或晚上可用普通日光灯照明。一般情况下,染色标本光线宜强,无色或未染色标本光线宜弱;低倍镜观察光线宜弱,高倍镜观察光线宜强。

(3) 调目镜。如果是双筒显微镜,在55°—75°范围内调节双目镜筒的瞳距,以适合使用者。内推或外拉有刻度的滑板,使两眼都能看到样品,使左、右两个视场像合二为一。然后调节屈光度,以适应观察者的视力。调节方法是先转动右面目镜,同时用微调使标本聚焦,右眼看到清晰的图像;再用左眼观察,不动粗、细调焦螺旋,只转动左侧目镜的调节环,直至获得最清晰的图像。

2. 显微观察。

在目镜保持不变等情况下,使用不同放大倍数的物镜,分辨率及放大率是不同的。观察任何标本时,都必须先使用低倍镜,因为其视野大,易发现目标和确定要观察的部位。

(1) 低倍镜观察。

① 安装标本:将标本片放在载物台上,注意有盖玻片的一面朝上。用弹簧夹将玻片固定,通过标本移动螺旋的调节,使被观察的标本处在物镜正下方。

② 调焦:先旋转粗调焦螺旋慢慢降低镜筒,并从侧面仔细观察,直到物镜贴近玻片标本;

然后用目镜观察，同时用粗调焦螺旋慢慢升起镜筒，直至物像出现，再调节细调焦旋钮使标本物像清晰为止。

注意事项：不应在高倍镜下直接调焦；镜筒下降时，应从侧面观察镜筒和标本间的间距；要了解物距的临界值。

③ 观察：用标本移动螺旋移动标本片，选择适当观察部位并将它移到视野中央进行观察。镜检时应将标本按一定方向移动视野，直至整个标本观察完毕，以便不漏检，不重复。

若使用单筒显微镜，左眼观察标本，右眼观察记录及绘图；同时左手调节焦距，使物像清晰并移动标本视野。

④ 记录、绘图：镜检过程中要仔细观察并记录、绘制所观察到的结果。如绘制微生物的形态，记录物镜放大倍数和总放大率等。

(2) 高倍镜观察。

① 换镜：在低倍物镜清晰观察的基础上(粗调焦螺旋不再旋转，粗焦距基本固定)，转换至高倍物镜，在正常情况下，高倍物镜的转换不应碰到载玻片或其上的盖玻片。若使用不同型号的物镜，在转换物镜时要从侧面观察，避免镜头与玻片相撞。

② 调焦：一般显微镜的低倍、高倍镜头是同焦的，只需旋转细调焦螺旋，即可使物像清晰。使用高倍镜时切勿使用粗调焦旋钮，否则易压碎盖玻片并损伤镜头。

注意事项：转动物镜转换器时，不可用手指直接推转物镜，这样容易使物镜的光轴发生偏斜，转换器螺纹受力不均匀而破坏。

(3) 油镜观察。

① 将聚光器提升至最高点，放大光圈，转动转换器，移开高倍镜，使高倍镜和油镜成“八”字形。

② 在玻片标本的镜检部位滴上一滴香柏油。

③ 从侧面注视，将油镜转浸至香柏油中，此时镜头几乎与标本接触。

④ 从目镜内观察，旋转细调焦螺旋，使物像最清晰为止。一般先逆时针旋转细调焦螺旋1至2圈，未找到物像，再顺时针旋转细调焦螺旋，不应朝一个方向旋转，以免油镜离开油面或镜头压碎载玻片，损坏镜头。

⑤ 如果反复旋转细调焦螺旋仍未能找到清晰物像，应重新从低倍镜观察⟶高倍镜观察⟶油镜观察，直至物像最清晰为止。

(4) 显微镜常见问题及处理措施(表 23-2)。

表 23-2　显微镜常见问题及处理措施

	症　状	原　因	对　策
光学系统的问题	边缘黑暗或视场明暗不均匀	转换器不在定点位置上	转到定点位置
		灯丝像不在中心	调整使对中心
		透镜上沾有脏物	先用二甲苯清洁，再用擦镜纸擦拭干净
	视场里有脏物	透镜上沾有脏物	先用二甲苯清洁，再用擦镜纸擦拭干净
		玻片上有脏物	擦干净
		聚光镜位置太低	校正位置
	像质很差(分辨率低，对比度差)	切片上没有盖玻片，或切片放反了	盖上玻片，或将切片放正
		盖玻片过厚或太薄	使用标准的 0.17 mm 盖玻片
		干物镜上有浸油，40 倍镜更易有浸油	先用二甲苯清洁，再用擦镜纸擦拭干净
		透镜上有脏物	先用二甲苯清洁，再用擦镜纸擦拭干净
		油浸物镜没有浸油或油浸有气泡	使用浸油，清除气泡
		用了非指定的浸油	使用专用浸油
		光圈开得过大(过小)	调整光圈大小至正常
		双目镜筒的入射透镜上有脏物	擦干净
		聚光镜位置太低	校正位置
	图像某一侧发暗	聚光镜不在视场中心，聚光镜偏斜	重新安装，仔细调节中心螺钉
		转换器不在定位处	转到定位处
		标本处于浮动状态	加固
	调焦时图像移动	标本浮在载物台表面	稳固的安放
		转换器不在定位处	转动使之到位
	图像略带黄色	未用蓝色滤色镜	使用蓝色滤色镜
	照明亮度不够	光圈开得太小	重新调整，调大光圈
		聚光镜位置太低	纠正其位置
		透镜上有脏物	先用二甲苯清洁，再用擦镜纸擦拭干净

续表

	症　状	原　因	对　策
其他问题	高倍物镜图像不能聚焦	玻片放反了	翻转玻片
		盖玻片太厚	用标准厚度的盖玻片(0.17 mm)
	当物镜从低倍向高倍转换时接触到玻片	玻片放反了	翻转玻片
		盖玻片太厚	用标准厚度的盖玻片(0.17 mm)
	标本移动不流畅	玻片夹持器未可靠地紧固	确认紧固
	双目图像不重合	瞳距没有调节正确	重新调节
	眼睛过度的疲劳	没有进行视度的调节	正确调节视度
		照明亮度不合适	调整照明电压
	开关接通时灯泡不亮	无电源	检查电路的连接
		灯泡未插入	检查灯泡的插入情况
		灯泡已经损坏	更换灯泡
	灯泡突然烧坏掉了	使用了非指定的灯泡	用指定的灯泡替换
		电压太高,或者电压不稳定	检查电压,仍未解决找维修部
	照明亮度不够	使用了非指定的灯泡	使用指定的专用灯泡
		电压不稳或者太低	检查电压情况,调整正常

3. 镜检后工作。

(1) 显微镜各部分复原。

① 移去标本:观察完毕,下降载物台,移去观察的载玻片标本。

② 下降镜筒:将各部分还原,转动物镜转换器,放在低倍镜的位置,使物镜成外“八”字形。再将镜筒下降至最低,降下聚光器。

③ 擦拭油镜:将油镜头转出,先用擦镜纸擦去镜头上的油,再用棉签蘸少许乙醚酒精混合液或二甲苯,擦去镜头上残留油迹,最后用擦镜纸擦拭2—3下即可(注意向一个方向擦拭)。

④ 关闭电源:若使用带有光源的显微镜,需要调节光源滑动变阻器将光亮度调至最暗,再关闭电源按钮,以防止下次开机时瞬间过强电流烧坏光源灯。

(2) 存放。

① 防尘:用一个干净手帕将目镜罩好,以免目镜头黏污灰尘;用柔软纱布清洁载物台等机械部分,罩上防尘套;最后将显微镜放回柜内或镜箱中。

② 干燥防晒:显微镜放置的地方要干燥,以免镜片生霉;亦要避免灰尘,在箱外暂时放置不用时,要用布等盖住镜体。显微镜应避免阳光曝晒,并远离热源。

五、思考题

1. 要使视野明亮，除调节光源外，还可以采取哪些措施？

2. 使用油镜时应注意哪些问题？

3. 比较油镜、高倍镜和低倍镜在数值孔径、工作距离及物镜镜头大小等方面的差别。

4. 镜检标本时，为什么先用低倍镜观察，而不是直接用高倍镜或油镜观察？

5. 当物镜由低倍到油镜时，随着放大倍数的增加，视野的亮度是增加还是减弱？应如何调节？

实验二十四　细菌的简单染色法和革兰氏染色法

一、实验目的

1. 了解简单染色法和革兰氏染色法的原理。

2. 学会细菌涂片方法、简单染色法和革兰氏染色法。

二、实验原理及应用

为了清楚观察与鉴别微生物，一般需要对微生物进行染色。染色方法一般分为单染色法和复染色法两种，前者用一种染料使微生物染色，主要为了清楚观察微生物形态结构；后者用两种或两种以上染料，有鉴别微生物的作用，故亦称鉴别染色法。

1. 单染色法。

用一种染色剂对涂片进行染色，简便易行，适于微生物的形态观察。在一般情况下，细菌菌体多带负电荷，与带正电荷的碱性染料易结合而被染色。因此，碱性染料常用于单染色法，如美蓝、孔雀绿、碱性复红、结晶紫和中性红等。若使用酸性染料，如刚果红、伊红、藻红和酸性品红等，必须降低染液的 pH 值，使其呈现强酸性(低于细菌菌体等电点)，使菌体带正电荷，才易于被酸性染料染色。

单染色法一般要经过涂片、固定、染色、水洗和干燥 5 个步骤。

染色结果依染料不同而不同：

(1) 石碳酸复红染色液：着色快，时间短，菌体呈红色。

(2) 美蓝染色液：着色慢，时间长，效果清晰，菌体呈蓝色。

(3) 草酸铵结晶紫染色液：染色迅速，着色深，菌体呈紫色。

2. 革兰氏染色法。

革兰氏染色法是细菌学中广泛使用的一种鉴别染色法，1884 年由丹麦医师 Gram 创立，后期一些学者在此基础上做了改进。革兰氏染色法的基本步骤是：涂片→固定→结晶紫初染→碘液媒染→乙醇脱色→复染，见图 24-1。

细菌先经结晶紫初染，再经革兰氏碘液媒染后，用 95%乙醇脱色，最后用番红(又称沙黄)或复红染液进行复染。革兰氏染色法将细菌分为两大类：紫色为革兰氏阳性菌(用 G^+ 表示)、红色为革兰氏阴性菌(用 G^- 表示)。

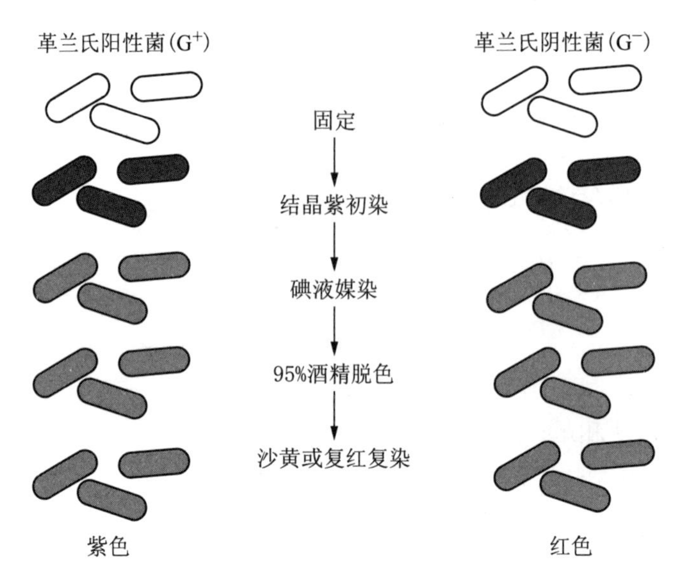

图 24-1 革兰氏染色步骤

一般认为细菌的革兰氏染色反应与细菌细胞壁的结构及化学组成成分有关。革兰氏阳性菌细胞壁厚,肽聚糖含量高,交联度大,当乙醇脱色时,肽聚糖因脱水而孔径缩小,故结晶紫-碘复合物被阻留在细胞内,不能被酒精脱色,菌体染上紫色(紫色能掩盖红色)。革兰氏阴性菌的细胞壁肽聚糖层薄,交联松散,因其含脂量高,乙醇将脂溶解,缝隙加大,紫色的结晶紫-碘复合物溶出细胞壁,脱色后易被番红或复红复染为红色。

三、器材与试剂

1. 器材。

(1) 普通光学显微镜。

(2) 载玻片和盖玻片。

(3) 接种环。

(4) 镊子。

(5) 酒精灯。

(6) 吸水纸。

(7) 擦镜纸。

2. 试剂。

(1) 0.1%美蓝染液:1 g 美蓝和 95%乙醇 100 mL 混合,过滤,配制成 1%美蓝染液。使用时,再用蒸馏水稀释成 0.1%美蓝染液。

(2) 革兰氏染液:A.结晶紫染液(初染液);B.革兰氏碘液(媒染液);C. 95%乙醇(脱色剂);D. 0.5%番红染液(复染液)。

(3) 香柏油。

(4) 二甲苯。

3. 菌种。

(1) 大肠杆菌。

(2) 金黄色葡萄球菌。

四、实验操作

1. 细菌涂片的制作。

(1) 涂片:用接种环从试管培养液或斜面菌落中取一环菌,于载玻片中央涂成薄层;或先滴一小滴无菌水于载玻片中央,用接种环挑出少许菌体,与载玻片的水滴混合均匀,涂成一薄层,一般涂布直径 1 cm 大小范围为宜。

(2) 干燥:涂片可自然干燥,也可在酒精灯上高处微微加热,使之迅速干燥。

(3) 固定:固定常常利用高温,手执载玻片的一端(涂有标本的远端),标本向上,在酒精灯火焰外层快速来回通过 3—4 次,共约 2—3 s,使细胞质凝固,固定细菌形态,不易脱落。

2. 简单染色法。

(1) 染色:涂片制作完成后,滴加美蓝染液覆盖载玻片涂菌部分,染色 2—3 min。

(2) 水洗:夹住载玻片的一端,斜置,用细小水流由上至下冲洗去多余的染液,直到流下的水无色为止。

(3) 干燥:自然风干,或用吸水纸吸去水分,或微微加热,以加快干燥。

(4) 镜检:用低倍镜找到标本后油镜观察。

3. 革兰氏染色法(图 24-2)。

(1) 初染:涂片制作完成后,用结晶紫染液覆盖涂面,染色 1 min,水洗。

(2) 媒染:加革兰氏碘液覆盖涂面,染色 1 min,水洗。

(3) 脱色:用吸水纸吸去水分,加 95%乙醇数滴,并轻轻摇动进行脱色,30 s 后水洗,

注意:脱色是革兰氏染色关键的一步,可直接用 95%乙醇冲洗脱色,直到流下的乙醇接近无色为止,然后立即用水冲洗,以避免脱色时间按过长而影响最终染色结果。

(4) 复染:用番红染液复染约 1—2 min,水洗,用吸水纸吸干。

(5) 镜检:干燥后用油镜观察,革兰氏阳性菌呈紫色,革兰氏阳性菌都红色。以分散开的细菌革兰染色反应为准,过于密集的细菌常由于脱色不完全容易出现假阳性。

4. 注意事项。

(1) 载玻片要洁净无油污,否则菌液涂布不开或容易把脏东西误为菌体。

(2) 挑菌量要少,涂片要薄而匀,过厚菌体重叠不宜观察。

(3) 革兰氏染色成败的关键是脱色时间,如果脱色过度,G^+ 菌也可被脱色而被误认为

G^-菌，即为假阴性。如果脱色时间过短，G^-菌也可因为脱色未完全而被误认为G^+菌，即为假阳性。脱色时间的长短受涂片的厚薄、脱色时载玻片晃动的快慢以及乙醇用量多少等因素影响，难以严格规定，需多练习。如要验证一个未知菌的革兰氏反应，应同时再做一张已知菌与未知菌的混合涂片，以作对照。

(4) 染色过程中，染液应覆盖整个涂面，染液不能干，水洗后甩去载玻片上残水，以免染液被稀释而影响染色效果。

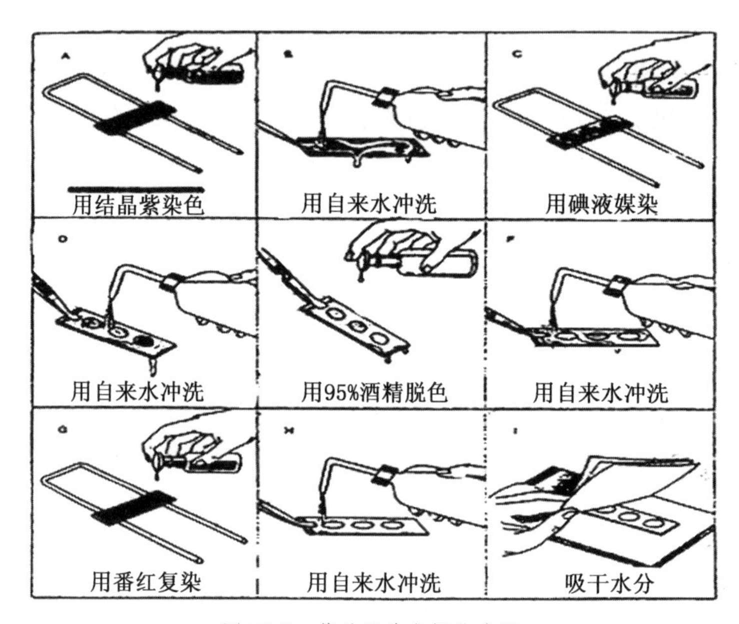

图 24-2　革兰氏染色操作步骤

五、思考题

1. 涂片为什么要固定？固定时应注意什么问题？
2. 革兰氏染色法的原理是什么？
3. 革兰氏染色法的关键步骤是什么？为什么会出现假阳性和假阴性现象？
4. 制作革兰氏染色涂片为什么涂菌不能过于浓厚？

实验二十五　玻璃器皿准备和培养基配制及灭菌

一、实验目的

1. 了解微生物培养基的配制原理和热力灭菌原理。

2. 学会玻璃器皿清洗、包扎与灭菌的方法。

3. 学会培养基配制的一般方法和步骤。

4. 学会斜面培养基制备及倒平板技术。

二、实验原理及应用

1. 玻璃器皿清洗与包扎。

为确保微生物实验顺利地进行，要求把实验所用的玻璃器皿清洗干净。为保持灭菌后保持无菌状态，需要对培养皿、吸管等进行包扎，对试管和三角瓶等加塞棉塞或硅胶塞。这些工作看起来很普通简单，如果操作不当，则会影响实验结果，甚至会导致试验的失败。

2. 灭菌常用方法。

灭菌常用干热灭菌法和高压蒸汽灭菌法。

干热灭菌法是利用高温使微生物细胞内的蛋白质凝固变性而达到灭菌的目的。细胞内的蛋白质凝固性与其本身的含水量有关，在菌体受热时，当环境和细胞内含水量越多，则蛋白质凝固就越快，反之，含水量越少，凝固就越慢。因此，与湿热灭菌相比，干热灭菌所需温度高(160—170 ℃)，时间长(1—2 h)。干热灭菌温度不能超过 180 ℃，否则，包扎器皿的纸或瓶口棉塞就会烤焦，甚至引起燃烧，一般塑料制品不能用干热灭菌法。

高压蒸汽灭菌法是用高温高压灭菌，不仅可杀死一般的细菌，对细菌芽孢也有杀灭效果，是最可靠、应用最普遍的物理灭菌法。先将待灭菌的物品放在一个密闭的加压灭菌锅内，通过加热，使灭菌锅隔套间的水沸腾而产生蒸汽。待蒸汽急剧地将锅内的冷空气从排气阀中驱尽，然后关闭排气阀，继续加热，此时由于蒸汽不能溢出，增加了灭菌器内的压力，从而使沸点增高，得到高于 100 ℃的温度，导致菌体蛋白质凝固变性而达到灭菌的目的。适用于一般培养基、玻璃器皿、无菌水、金属用具，一般培养基在 121.3 ℃灭菌 15—20 min 即可。

在同一温度下，湿热的杀菌效力比干热大，其原因有三：一是湿热中细菌菌体吸收水分，蛋白质较易凝固,因蛋白质含水量增加,所需凝固温度则降低;二是湿热的穿透力比干热大;三是湿热的蒸汽有潜热存在,每1 g水在100 ℃时,由液态变为气态时可放出2.26 kJ的热量,能迅速提高被灭菌物体的温度,从而增加灭菌效力。在使用高压蒸汽灭菌锅灭菌时,灭菌锅内冷空气的排除是否完全极为重要,因为空气的膨胀压大于水蒸气的膨胀压,所以,当水蒸气中含有空气时,在同一压力下,含空气蒸汽的温度低于饱和蒸汽的温度。

3. 培养基配制原理。

培养基是将微生物生长繁殖所需要的各种营养物质,用人工方法配制而成的营养基质。培养基为微生物的生长提供营养物质和生存空间,具有微生物正常生活所需的各种养料和适宜的环境条件,如适当组分和比例的营养物质、适宜的pH值、合适的渗透压、保持无菌状态。配制培养基是微生物学工作者的主要技术之一。

根据培养基的组成成分,可将培养基分为合成培养基、半合成培养基、天然培养基;根据培养基的物理状态分为液体培养基、固体培养基和半固体培养基。微生物最常用的凝固剂为琼脂和明胶,它们主要特性见表25-1。

表25-1 琼脂和明胶的特性比较

凝固剂	化学成分	营养价值	分解性	融化温度	凝固温度	常用浓度	透明度	黏着力	耐加压灭菌
琼脂	聚半乳糖的硫酸酯	无	罕见	约96 ℃	约40 ℃	1.5%—2%	高	强	强
明胶	蛋白质	作氮源	极易	约25 ℃	约20 ℃	5%—12%	高	强	弱

实验常用培养微生物的三种培养基如下:

(1) 牛肉膏蛋白胨琼脂培养基:用于分离和培养细菌,是一种天然培养基,配方主要由30%牛肉膏、50%蛋白胨、30%氯化钠构成。

(2) 马铃薯(或豆芽汁)蔗糖(或葡萄糖)琼脂培养基:用于分离和培养真菌之用,是一种半合成培养基。

(3) 淀粉琼脂培养基(高氏一号):用于分离和培养放线菌,是一种合成培养基。配方主要由KNO_3、K_2HPO_4、$MgSO_4 \cdot 7H_2O$、NaCl、$FeSO_4 \cdot 7H_2O$构成。

三、器材与试剂

1. 器材。

(1) 高压蒸汽灭菌锅。

(2) 恒温干热灭菌箱。

(3) 电热烘箱。

(4) 试管。

(5) 三角瓶。

(6) 培养皿。

(7) 吸管。

(8) 量筒。

(9) 漏斗与漏斗架。

(10) 玻璃棒。

(11) 棉线。

(12) 纱布。

(13) 棉花。

(14) 牛皮纸与报纸。

(15) 硅胶塞。

(16) 天平。

(17) 牛角匙。

(18) 电炉。

(19) pH 试纸。

(20) 标签纸。

2. 试剂。

(1) 1 mol/L HCl:量取 37% HCl 10 mL,加水 110 mL 稀释。

(2) 1 mol/L NaOH:称取 NaOH 4.0 g,加水定容至 100 mL。

(3) 牛肉膏蛋白胨琼脂培养基:牛肉膏 3 g、蛋白胨 5 g、氯化钠 3 g、琼脂 20 g、水 1 000 mL。

(4) 马铃薯(或豆芽汁)蔗糖(或葡萄糖)琼脂培养基:去皮马铃薯(或鲜豆芽)200 g、蔗糖(或葡萄糖)20 g、水 1 000 mL。

(5) 淀粉琼脂培养基(高氏一号)培养基:可溶性淀粉 20 g、KNO_3 1.0 g、K_2HPO_4 0.5 g、$MgSO_4 \cdot 7H_2O$ 0.5 g、NaCl 0.5 g、$FeSO_4 \cdot 7H_2O$ 0.01 g、琼脂 20 g、水 1 000 mL。

四、实验操作

1. 实验准备。

(1) 玻璃器皿的清洗。无病原菌或未被带菌物污染的旧玻璃器皿,使用前后,可按常规用洗衣粉水进行刷洗;吸过化学试剂的吸管,先浸泡于清水中,待到一定数量后再集中进行清洗。

带有活菌的各种玻璃器皿,必须经过高温灭菌或消毒后才能进行刷洗。

带菌培养皿、试管、三角瓶等物品,做完实验后放入消毒桶内,用 0.1 MPa 灭菌 20—30 min 后再刷洗。含菌培养皿的灭菌,底盖要分开放入不同的桶中,再进行高压灭菌。

带菌的吸管、滴管、载玻片及盖玻片，使用后不得放在桌子上，立即分别放入盛有3%—5%来苏水或5%石炭酸或0.25%新洁尔灭溶液的玻璃缸(筒)内消毒24 h后，用夹子取出经清水冲干净。

用于细菌染色的载玻片洗涤，要放入50 g/L肥皂水中煮沸10 min，然后用肥皂水洗，再用清水洗干净；最后将载玻片浸入95%酒精中片刻，取出用软布擦干，或晾干，保存备用。

含油脂带菌器材的清洗，用0.1 MPa高压灭菌20—30 min→趁热倒去污物→倒放在铺有吸水纸的篮子上→用100 ℃烘烤0.5 h→用5%的碳酸氢钠水煮两次→再用肥皂水刷洗干净。

(2) 玻璃器材的晾干或烘干。不急用的玻璃器材，可放在实验室中自然晾干；急用的玻璃器材放在托盘中(大件的器材可直接放入烘箱中)，再放入烘箱内，用80—120 ℃烘干，当温度下降到60 ℃以下再打开取出器材使用。

(3) 器皿的包扎。如果要保持灭菌后的器皿处于无菌状态，需在灭菌前进行包扎。

培养皿包扎：洗净的培养皿烘干后每10套(或根据需要而定)叠在一起，用牛皮纸或旧报纸卷成一筒，或装入特制的铁筒中，然后进行灭菌。

吸管包扎：洗净、烘干后的吸管，在吸口的一头塞入少许脱脂棉花，以防在使用时造成污染。塞入的棉花量要适宜，多余的棉花可用酒精灯火焰烧掉。每支吸管用一条宽约4—5 cm的纸条，以30—50 ℃的角度螺旋形卷起来，吸管的尖端在头部，另一端用剩余的纸条打成一结(图25-1)，以防散开，标上容量，若干支吸管包扎成一束进行灭菌。使用时，从吸管中间拧断纸条，抽出吸管。

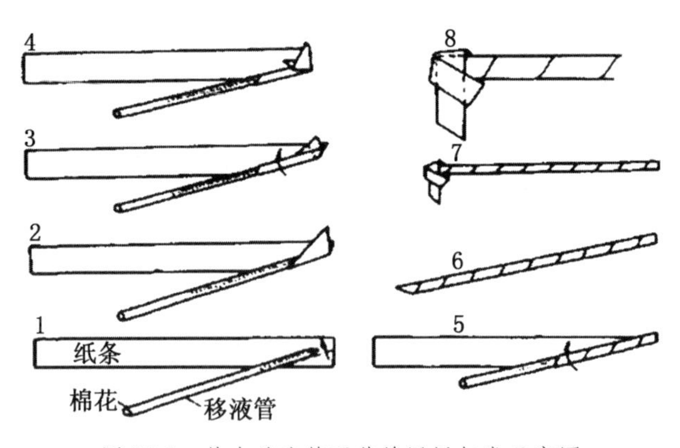

图25-1　单支移液管灭菌前用纸包卷示意图

试管和三角瓶包扎：试管和三角瓶一般采用硅胶试管塞，也可自行制作棉塞(图25-2)，要求棉花塞紧贴管(瓶)口玻璃壁，松紧适宜，无缝隙，棉塞的长度不小于管(瓶)口直径的2倍，约2/3塞进管(瓶)口(图25-3)。若干支试管用绳扎在一起，用牛皮纸将棉花部分包裹起来,再用绳扎紧。单个三角瓶加棉塞后用牛皮纸包扎。

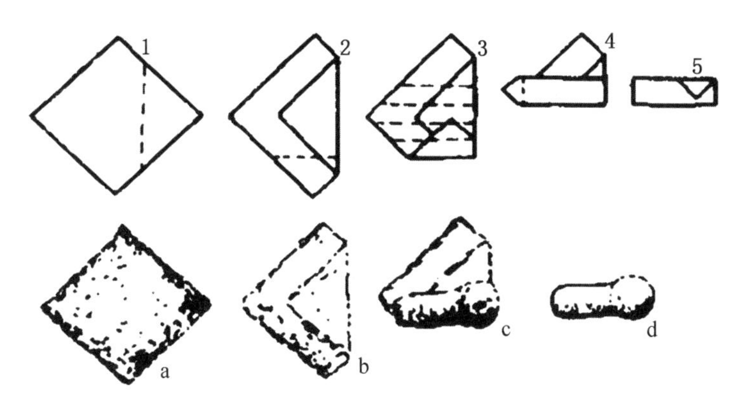

图 25-2 棉塞制作过程

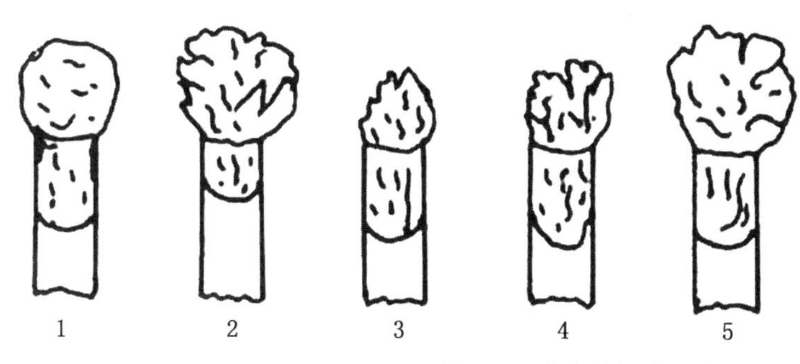

1. 正确式样
2. 管内部分太短,管外部分太松
3. 外部过小
4. 整个棉塞太松
5. 管内部分过紧,外部太松

图 25-3 试管棉塞的规范要求

(4) 干热灭菌法。干热灭菌法实施步骤如下:

① 将包扎好的玻璃器皿放入电热烘箱中,相互间要留有一定的空隙,以便空气流通。

② 关紧箱门,打开排气孔,接上电源。

③ 待箱内空气排出到一定程度时,关闭排气孔,加热至灭菌温度后,固定温度 160—165 ℃进行灭菌,保持 2 h 后切断电源。

④ 待烘箱内温度自然降温冷却到 60 ℃以下后,再开门取出玻璃器皿,避免温度突然下降而引起玻璃器皿碎裂。

2. 培养基制备步骤。

(1) 称量。根据所需培养基种类与数量,计算并称取培养基干粉或液体(专业公司生产的培养基商品);也可以根据配方,依次称取各种药品放于适当大小的烧杯中自行配制。

(2) 溶化。在烧杯中加入蒸馏水,小火加热溶解,用玻璃棒搅拌,以防液体溢出。待药品完全溶解后,再补充水分至所需量。若配制固体培养,则将称好的琼脂放入已溶解的药品中,加热融化,最后补足所失的水分。

(3) 调 pH 值。检测培养基的 pH 值,如果 pH 偏酸性,滴加 1 mol/L NaOH,边加边搅拌,并随时用 pH 试纸检测,直至达到所需 pH 范围。如果偏碱性,则用 1 mol/L HCl 进行调节。应注意 pH 值不要调过头,以免回调而影响培养基内各离子的浓度。

(4) 过滤。液体培养基可用滤纸过滤,固体培养基可用 2—4 层的纱布趁热过滤。使用商品培养基无须过滤,可省略这一步骤。

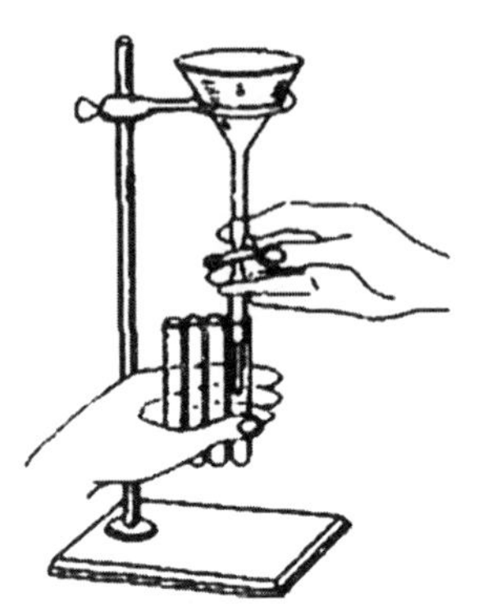

图 25-4　人工分装培养基

(5) 分装。分装试管一般在漏斗架上进行(图 25-4),液体培养基、高层培养基、半固体培养基约装试管容量的 1/4—1/3;斜面培养基约装 1/5;三角烧瓶不超过容量的 1/2,高度的 1/3。特别注意不要使培养基黏污管(瓶)口和试管塞,以免引起污染。

(6) 加塞、包扎与标签。培养基分装好后,塞上管塞,用防水纸包扎成捆,防止灭菌时冷凝水的沾湿和灭菌后灰尘及杂菌侵入,贴上所配培养基名称的标签。

(7) 灭菌。没有特殊要求情况下,一般采用高压湿热灭菌法,于 121 ℃,灭菌 15 min。高压湿热灭菌法如下:

① 加水。关好排水阀门,放入纯净水或蒸馏水至标度。注意水量一定要加足(注:不要超过最大刻度线),否则容易造成事故。

② 装入物品和加盖密封。将灭菌的器材(或培养基)等装入灭菌锅中,加盖密封。如果是手提式灭菌锅,旋紧螺旋时,先将每个螺旋旋转到一定程度(不要太紧),然后再同时旋紧对角的两个螺旋,以达到平衡旋紧,否则易造成漏气,达不到彻底灭菌的目的。

③ 通电加温和排气。通常当压力表指针升至 5 磅或 0.05 MPa 时,打开排气阀门放气,待压力表指针降至零点,关闭阀门;然后当压力表指针第二次升至 0.05 MPa,再放气至压力表指针降至零点。通过两次放气,阀门冲出的全部是蒸汽时,则表示排冷气彻底。如果过早关闭阀门,造成排气不彻底,达不到彻底灭菌的目的。

④ 恒温灭菌。压力表的指针上升时,锅内温度也逐渐升高,当压力表指针升至 0.1 MPa 时或 15 磅时,锅内温度相当于 120—121 ℃,此时开始计算灭菌时间,维持压力 0.1～0.15 MPa,15 min,即能达到完全灭菌的目的,然后停止加温。如果是自动恒温灭菌器,按以上指标进行设置灭菌。

⑤ 降温。自然降温或打开阀门排汽降温,后者操作方法是稍微打开一点排气阀门,使锅内蒸汽缓慢排除,气压徐徐下降,注意勿使排气过快,否则会使锅内的培养基减压沸腾而冲脱或沾染棉花塞。一般从排气到打开锅盖以 10 min 左右为好,排气太慢会使培养基在锅内,受高温处理时间过长,对培养基造成不利影响。

⑥ 打开锅盖。当锅内蒸汽完全排尽时即压力表指针降到零时,可以打开锅盖。

⑦ 取出灭菌物品。当锅内温度下降到 60 ℃左右时取出器材，将高压灭菌器内的剩余水排出。

(8) 制斜面和倒平板。

制斜面：灭菌后，应趁热取出，摆成斜面(图 25-5)。为减少培养基冷却时试管壁上挂有太多水珠，可用干毛巾把培养基盖住以延长其冷却时间，上面盖上报纸以免落灰尘，冷却后便可收起。

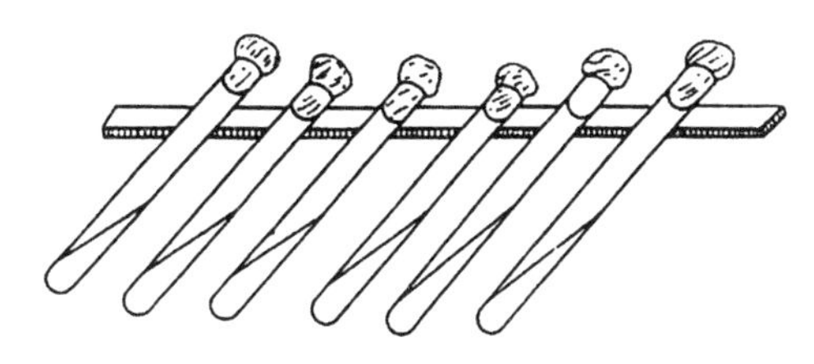

图 25-5　灭菌的试管培养基趁热摆成斜面

倒平板：待培养基冷却至 55 ℃左右(以手握不觉太烫为宜)，如果三角瓶中培养基已冷却凝固了，加热融化至 55 ℃左右；然后点燃酒精灯，严格按照无菌操作程序，右手握住三角瓶底部，左手转动棉塞(或硅胶塞)，用小指和无名指夹住棉塞并拔出棉塞，将三角瓶口在火焰上转一周；左手打开培养皿成一条缝，恰能让三角瓶口通过此缝并倒出培养基，轻轻摇动培养皿，使培养基铺满皿底，水平放置冷却凝固。

灭菌过的器皿，应按灭菌日期顺序放置在固定的柜橱内，并保持清洁干燥，与非灭菌包分开放置，并经常检查是否过期。灭菌过的培养基要放入 25 ℃恒温箱中，培养 48 h 观察灭菌效果。48 h 后不见杂菌生长，便证明培养基已达到灭菌目的，可以使用。

3. 制备培养基的注意事项。

(1) 培养基必须具有适宜的渗透压和 pH 值。通常细菌培养基为 pH 值 7.2—7.6，真菌培养为 pH 值 4—6，故制备培养基要准确测定、调整 pH 值，尽量避免回调，以免影响培养基内各离子浓度。

(2) 制备培养基时要避免污染。不应含有抑制微生物生长繁殖的物质存在，如铜、铁等。若含铜量超过 0.3 mg/1 000 mL 时，细菌就不易生长；若含铁量超过 0.14 mg/1 000 mL 时，可减低细菌产生毒素的能力。故配制培养基最好不用铜锅和铁锅，而用搪瓷制品、玻璃容器或铝锅。

(3) 制备培养基应使用蒸馏水。蒸馏水不含杂质，制成的培养透明度高，有利于观察微生物的培养性状和生命活动所产生的变化。也可用井水、河水等天然水，一般不用自来水，因其含有较多的钙、镁离子，可与蛋白胨、肉浸汁中的磷酸盐生成磷酸钙、磷酸镁，高压灭菌后，会析出沉淀，影响培养基透明度。

(4) 配制化学成分较多的合成培养基时，有些药品混溶时易产生结块、沉淀，如磷酸盐和钙、镁盐等，应依次分别溶解后，再混合。

(5) 配制好的培养基应立即进行灭(除)菌，否则应放冰箱保存。含血清、腹水、糖类、尿素、氨基酸等的培养基不能采用高压灭菌，应按其所规定的方法进行灭(除)菌。

五、思考题

1. 观察记录制备好的培养基的透明度、凝结度和是否有杂菌生长情况。
2. 干热灭菌和高压蒸汽法适用范围如何？有何不同？
3. 电热烘箱和高压蒸汽锅如何操作？使用时应注意哪些事项？
4. 配制培养基的基本步骤有哪些？
5. 如何检查培养基灭菌是否彻底？

实验二十六 微生物分离、纯化和接种技术

一、实验目的

1. 了解微生物分离与纯化的原理。

2. 建立无菌操作的概念,学会几种无菌接种技术。

3. 学会常用的分离与纯化微生物的方法。

二、实验原理及应用

1. 接种。

将微生物接种到适于它生长繁殖的人工培养基上或活的生物体内的过程简称接种。在实验室或工厂实践中,用得最多的接种工具是接种环和接种针。由于接种要求与方法的不同,接种针的针尖部常做成不同的形状,有刀形、耙形等之分(图 26-1)。有时滴管、吸管也可作为接种工具进行液体接种。在固体培养基表面要将菌液均匀涂布时,需要用到涂布棒。

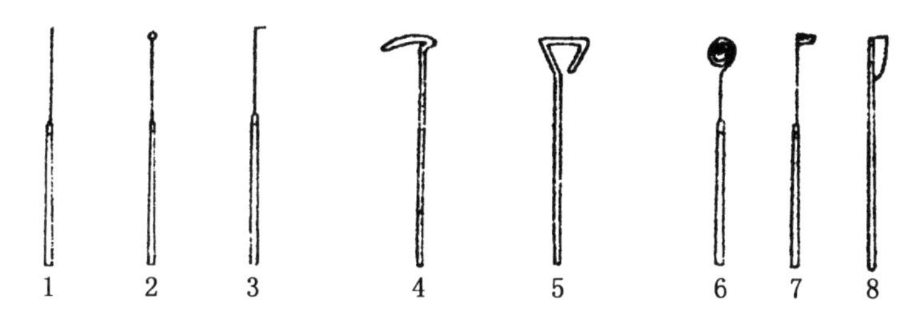

1. 接种针 2. 接种环 3. 接种钩 4. 5. 玻璃涂棒 6. 接种圈 7. 接种锄 8. 小解剖刀

图 26-1 接种和分离工具

常用的接种方法有以下几种:

(1) 划线接种。这是最常用的接种方法,即在固体培养基表面作来回直线或曲线形的移动,就可达到接种的作用。常用的接种工具有接种环与接种针等。在斜面接种和平板接种时常用此法。

(2) 三点接种。在研究霉菌形态时常用此法,即把少量的微生物接种在平板表面上,成等边三角形的三点,让它各自独立形成菌落后,来观察、研究它们的形态。除三点外,也可一点或多点进行接种。

(3) 穿刺接种。在保藏厌氧菌种或研究微生物的动力时常采用此法。做穿刺接种时，常用接种针和半固体培养基。用接种针蘸取少量的菌种，沿半固体培养基中心向管底做直线穿刺(图 26-2)，但不要刺到管底，然后沿着原路拉出。如某细菌具有鞭毛而能运动，一般会沿着穿刺线向外运动而长，故形成弥漫状粗线条，而不能运动的则仅在穿刺线上生长，故呈现纤细线条(图 26-3)。

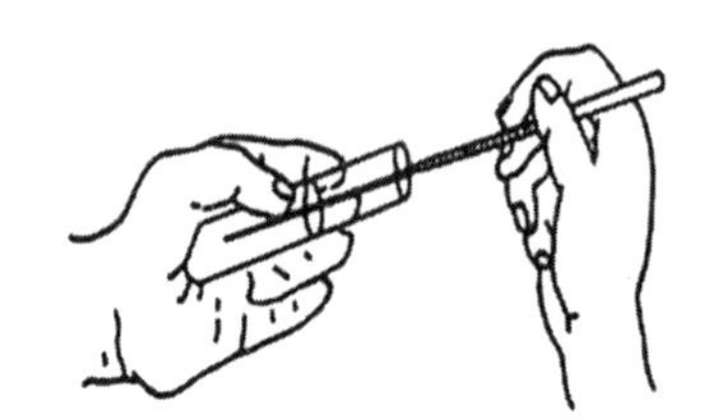

图 26-2　半固体培养基穿刺接种法

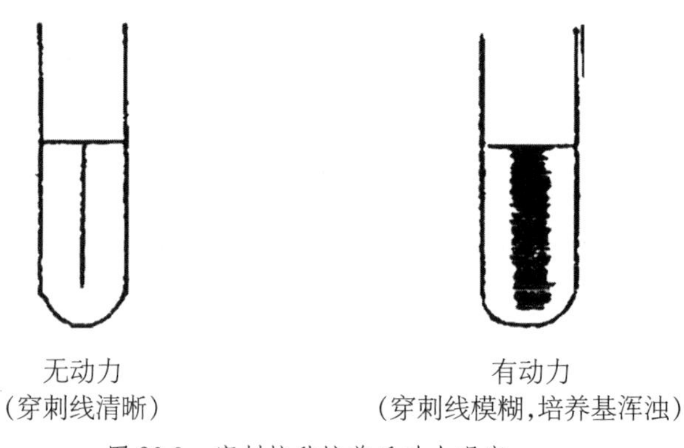

图 26-3　穿刺接种培养后动力观察

(4) 浇混接种。该法是将待接的微生物先放入培养皿中，然后再倒入冷却至 45 ℃左右的固体培养基，迅速轻轻摇匀，这样菌液就达到稀释的目的。待平板凝固之后，置合适温度下培养，就可长出分散的微生物菌落。

(5) 涂布接种。与浇混接种略有不同，就是先倒好平板，让其凝固，然后再将菌液倒入平板上面，迅速用涂布棒在表面作来回左右的涂布，让菌液均匀分布，就可长出分散的微生物的菌落。

(6) 液体接种。从固体培养基中将菌洗下，倒入液体培养基中，或者从液体培养物中，用移液管将菌液接至液体培养基中，或从液体培养物中将菌液移至固体培养基中，都可称为液体接种。

(7) 注射接种。用注射的方法将待接的微生物转接至活的生物体内，如人或其他动物中，常见的疫苗预防接种，就是用注射接种。

(8) 活体接种。活体接种是专门用于培养病毒或其他病原微生物的一种方法，因为病毒必须接种于活的生物体内才能生长繁殖。所用的活体可以是整个动物;也可以是某个离体活组织。接种的方式是注射,也可以是拌料喂养。

2. 分离纯化。

含有一种以上的微生物培养物称为混合培养物。如果在一个菌落中所有细胞均来自一个亲代细胞,那么这个菌落称为纯培养物。在进行菌种鉴定时,所用的微生物一般均要求为纯培养物。得到纯培养物的过程称为分离纯化,方法有许多种:

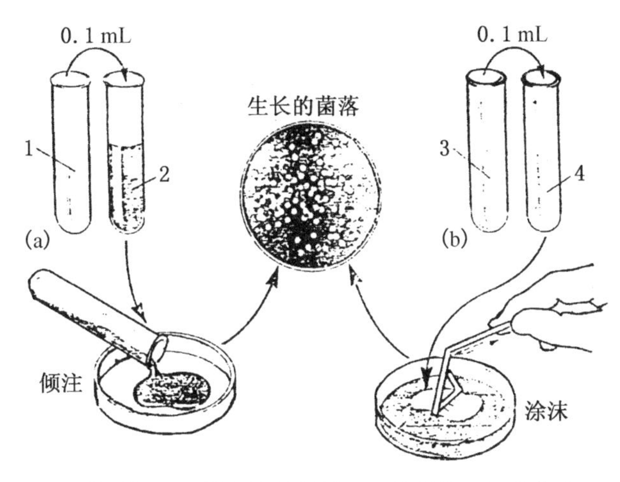

1. 菌悬液　2. 熔化的培养基　3. 培养物　4. 无菌水

图 26-4　倾注平板法(a)　涂布平板法(b)图解

(1) 倾注平板法。先把微生物悬液通过一系列稀释,取一定量的稀释液与熔化好的保持在 40—50 ℃左右的营养琼脂培养基充分混合,然后把这混合液倾注到无菌的培养皿中,待凝固之后,倒置在恒箱中培养。再取单个菌落制成悬液,重复上述步骤数次,便可得到纯培养物(图 26-4a)。

(2) 稀释涂布平板法。首先把微生物悬液通过适当的稀释,取一定量的稀释液放在无菌的已经凝固的营养琼脂平板上,然后用无菌的涂布棒把稀释液均匀地涂布在培养基表面上,经恒温培养便可以得到单个菌落。

(3) 平板划线法。最简单的分离微生物的方法是平板划线法。用无菌的接种环取培养物少许在平板上进行划线。划线的方法很多,常见的划线方法有斜线法、曲线法、方格法、放射法和四格法等。当接种环在培养基表面上移动时,接种环上的菌液逐渐稀释,最后在所划的线上分散着单个细胞,经培养,每一个细胞长成一个菌落。

(4) 富集培养法。富集培养法就是创造一些条件只让所需的微生物生长,在这些条件下,所需要的微生物能有效地与其他微生物进行竞争,在生长能力方面远远超过其他微生物。所创造的条件包括选择最适的碳源、能源、温度、光、pH 值、渗透压和氢受体等。在相同的培养基和培养条件下，经过多次重复移种，最后富集的菌株很容易在固体培养基上长出单菌落。如果要分离一些专性寄生菌，就必须把样品接种到相应敏感宿主细胞群体中，使其大量生长。通过多次重复移种便可以得到纯的寄生菌。

(5) 厌氧法。在实验室中，为了分离某些厌氧菌，可以利用装有原培养基的试管作为培养容器，把这支试管放在沸水中加热数分钟，以便逐出培养基中的溶解氧。然后快速冷却，并进行接种。接种后，加入无菌的石蜡于培养基表面，使培养基与空气隔绝。另一种方法是，在接种后，利用 N_2 或 CO_2 取代培养基中的气体，然后在火焰上把试管口密封。有时为了更有效地分离某些厌氧菌，可以把所分离的样品接种于培养基上，然后再把培养皿放在完全密封的厌氧培养装置中进行培养。

三、器材与试剂

1. 器材。

(1) 盛 9 mL 无菌水的试管与试管架。

(2) 盛 90 mL 无菌水的并带玻璃珠的锥形瓶。

(3) 无菌玻璃涂布棒。

(4) 酒精灯。

(5) 无菌吸管。

(6) 无菌培养皿。

(7) 土样。

(8) 培养箱。

(9) 火柴。

(10) 电炉。

(11) 记号笔。

2. 试剂。

牛肉膏蛋白胨琼脂培养基。

3. 菌种。

(1) 大肠杆菌。

(2) 金黄色葡萄球菌。

四、实验操作

1. 斜面接种法。

(1) 贴标签。接种前，在试管上贴好标签，注明菌名，接种日期及组别。标签贴在斜面的正面，距试管口 2.5—3 cm 处。

(2) 点酒精灯。酒精灯放在身体前方，接种时既能近靠火焰进行，而火焰又不会烧及自身。

(3) 接种。用无菌操作程序将菌种接种到贴好标签的试管斜面上,其操作程序如下(图 26-5)。

① 手持试管。将菌种和待接斜面的两支试管用大拇指和其他四指握在左手中,使中指位于两试管之间部位。斜面向上,并使它们位于水平位置(图 26-5a)。

② 旋松棉塞。先用右手将棉塞旋松,以便接种时拔出。

③ 取接种环。右手持接种柄,将接种环垂直放在火焰上灼烧红。镍丝部分(环和丝)必须烧红,以达到灭菌目的,然后横持接种环将除手柄部分的金属杆用火焰灼烧一遍,尤其是接镍络丝的螺口部分,要彻底灼烧以免灭菌不彻底。

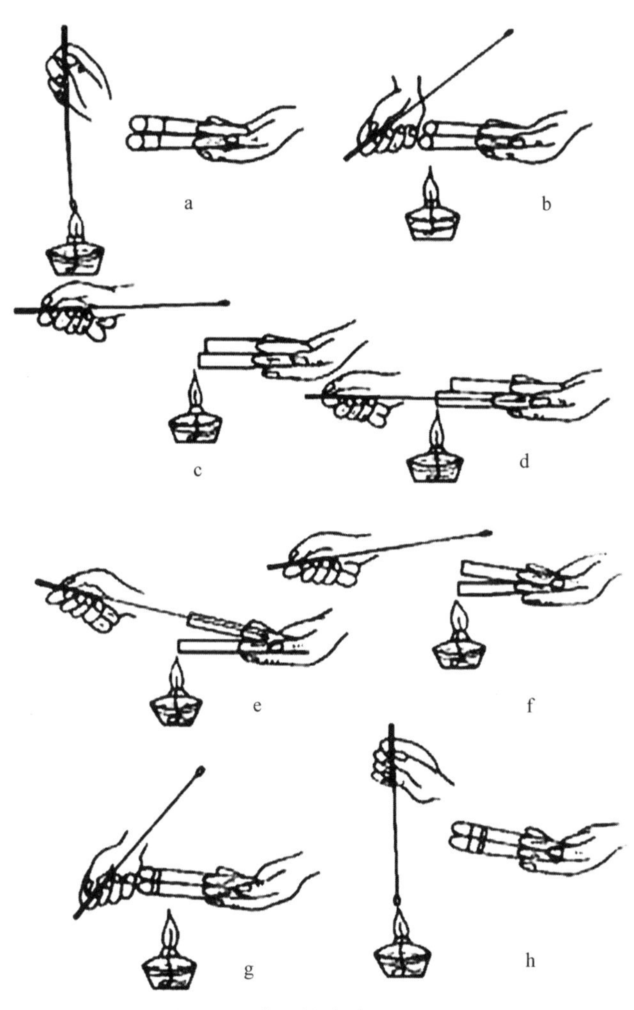

图 26-5 斜面接种时的无菌操作

④ 拔棉塞。用右手的无名指、小指和手掌边先后拔出菌种管和待接试管的棉塞,棉塞不得任意放在桌上或与其他物品接触,然后让试管口缓缓过火灭菌(切勿烧得过烫)(图 26-5b、c)。

⑤ 环冷却。将灼烧过的接种环伸入菌种管,先使环接触没有长菌的培养基部分,使其冷却,以免烫死菌体。

⑥ 取菌种。待环冷却后轻轻蘸取少量菌或孢子,然后将接种环移出接种管(图 26-5d),注意不要使环的部分碰到管壁,取出后不可使环通过火焰。

⑦ 接种。在火焰旁迅速将蘸有菌种的接种环伸入另一支待接斜面试管。从斜面培养基的底部向上部作"S"形来回密集划线,勿划破培养基(图 26-5e)。有时也可用接种针仅在斜面培养基的中央拉一条线作斜面接种,以便观察菌种的生长特点。

⑧ 塞棉塞。取出接种环,灼烧试管口,并在火焰旁将棉塞塞上。塞棉塞时,不要用试管迎棉塞,以免试管在移动时纳入不洁空气(图 26-5f、图 26-5g)。

⑨ 环灭菌。将接种环烧红灭菌,烧掉接种环上的残留菌体。放下接种环,再将棉花塞旋紧(图 26-5h)。

(4) 培养。将接种好的培养基放入恒温箱中培养。

2. 平板划线分离法。

平板划线分离法是指由接种环以无菌操作程序蘸取少许待分离的样品,在无菌平板表面进行平行划线、扇形划线或其他形式的连续划线(图 26-6),微生物细胞数量将随着划线次数的增加而减少,并逐步分散开来。如果划线适宜的话,微生物菌体一一分散,经培养后,可在平板表面得到单菌落。平板划线分离方法有斜线法、曲线法、方格法、放射法和四格法(图 26-7)。

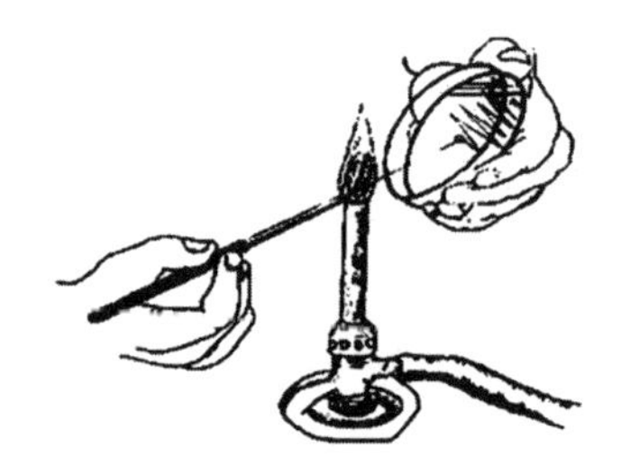

图 26-6 无菌区内划线分离

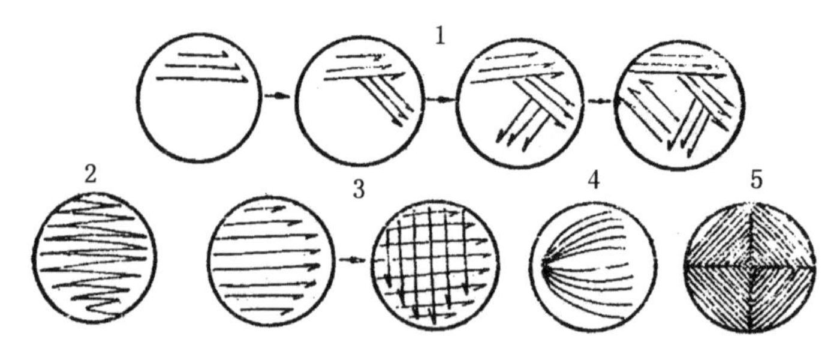

1. 斜线法 2. 曲线法 3. 方格法 4. 放射法 5. 四格法

图 26-7 平板划线分离法

常用方法有分区斜线法与曲线法(图 26-7)：

(1) 分区斜线法。用接种环以无菌程序操作挑取样品一环，先在平板培养基的一边作第一次平行划线 3—4 条，再转动培养皿约 70°角，并将接种环上剩余物烧掉，待冷却后通过第一次划线部分作第二次平行划线，再用同法(不灼烧接种环)通过第二次平行划线部分作第三次平行划线和通过第三次平行划线部分作第四次平行划线，也可以第五次再划一条曲线。划线完毕后，盖上皿盖，倒置于恒温箱培养(倒置培养皿可减少培养基水分蒸发和污染)。

此法一般在菌悬液浓度大或菌量大的情况下使用。

(2) 分区曲线法。将挑取有样品的接种环在平板培养基 3 个区域上连划曲线，分区划曲线方法有多种(图 26-8)，三区划线期间不灼烧接种环，划线完毕后，盖上皿盖，倒置于恒温箱培养。

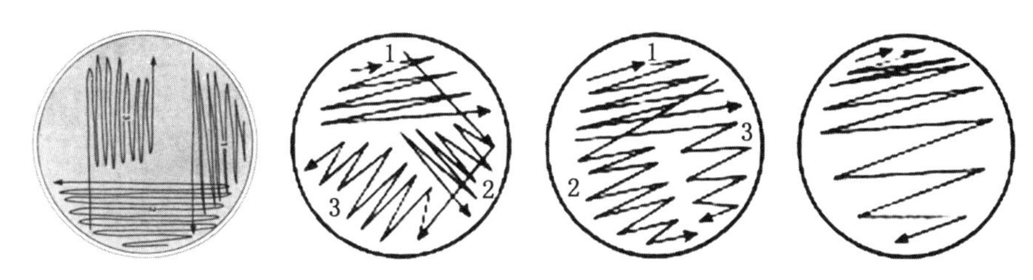

图 26-8　4 种平板分区划线分离法

平板划线要注意：平板表面不可有水膜或水滴；接种环的环要圆滑，环平面与培养基表面之间的夹角要小些，划线时以腕力在培养表面作轻快的滑动，勿使平板表面划破嵌进培养基内，线条间要平行且紧密，但不要重叠；最后划线区域要大，线条间要疏松些，有利于菌落分散开来。

3. 稀释涂布平板法。

稀释涂布平板法(图 26-9)步骤如下：

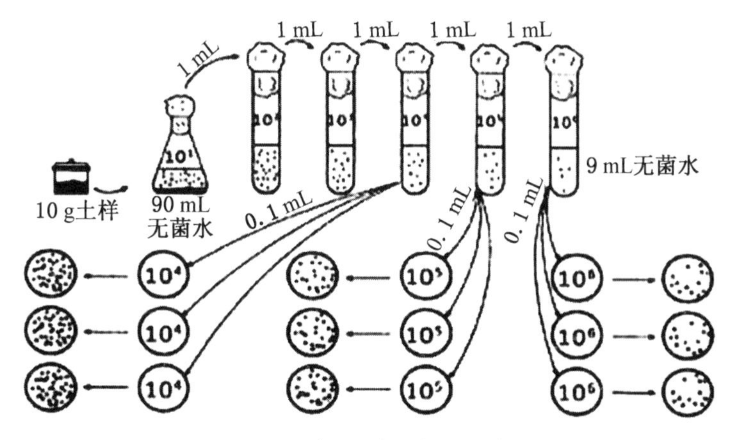

图 26-9　稀释涂布平板法示意图

(1) 制备土壤稀释液。称取土样 10 g，放入盛 90 mL 无菌水并带有玻璃珠的锥形瓶中，振摇 20 min，制成 10^{-1}稀释液；再从 10^{-1}稀释液中吸取 1 mL，加入盛 9 mL 无菌水的试管中充分混匀，制成 10^{-2}稀释液；然后再从 10^{-2}稀释液中吸取 1 mL，加入盛 9 mL 无菌水的试管中充分混匀，制成 10^{-3}稀释液；以此类推制成 10^{-4}、10^{-5}和 10^{-6}等不同稀释度的土壤溶液。

(2) 倒平板。培养基加热熔化待冷至 55 ℃左右分别倒平板，每种培养基倒 3 个平皿。

(3) 涂布。将上述每种培养基的 3 个平板底面分别用记号笔注明 10^{-4}、10^{-5}、10^{-6}稀释度，用无菌吸管分别从 10^{-4}、10^{-5}、10^{-6}土壤稀释液中各吸取 0.1 mL，小心滴在对应平板培养基表面中央位置。然后用无菌涂布棒平放在平板培养基表面上，将土壤稀释液沿同心圆方向轻轻向外旋展开，使之均匀分布整个平板培养基上。静置 5—10 min，使土壤稀释液渗入培养基中。

(4) 培养。涂布好的平板倒置于 36 ℃±1 ℃恒温箱中培养 2 d，观察平板上菌落生长和分布情况。

(5) 挑菌落。将培养后长出的单个菌落分别挑取少许细胞接种至上述 3 种培养基斜面上，分别置于 36 ℃±1 ℃(细菌与放线菌)培养 2 d，28 ℃±1 ℃(真菌)培养 3—5 天。若发现有杂菌，需再一次进行分离纯化，直至获得纯培养。

五、思考题

1. 试述无菌操作的目的和意义？
2. 微生物接种和分离纯化常用方法有哪些？
3. 培养过程为什么要将培养皿倒置？
4. 稀释涂布平板法中，为什么要制备不同稀释梯度的土壤溶液？
5. 无菌操作接种中，注意事项有哪些？

实验二十七 微生物计数及测微技术

一、实验目的

1. 了解微生物计数和测微的方法与原理。

2. 学会使用血球计数板进行微生物计数。

3. 学会使用测微尺和计算方法。

二、实验原理及应用

1. 微生物直接计数法。

微生物直接计数法是用血球计数板在显微镜下直接计数,是一种常用的微生物计数方法,此法的优点是直观、简便、快速。将经过适当稀释的菌悬液(或孢子悬浮液)放在血球计数板的计数室内,在显微镜下进行计数。血球计数板是一块特制的厚载玻片,其上由 4 条槽构成 3 个平台,中间较宽的平台又被一短横槽隔成两半,每一边的平台上各刻有一个方格网,每个方格网共分为 9 个大方格,中间的大方格即为计数室(图 27-1)。

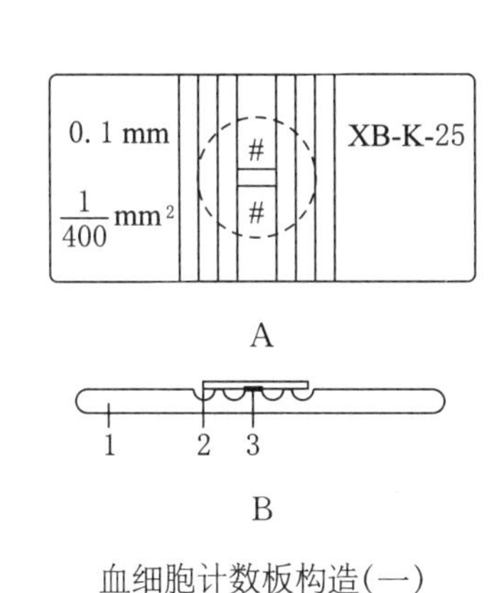

血细胞计数板构造(一)
A. 正面图;B. 纵切面图
1. 血细胞计数板;2. 盖玻片;3. 计数室

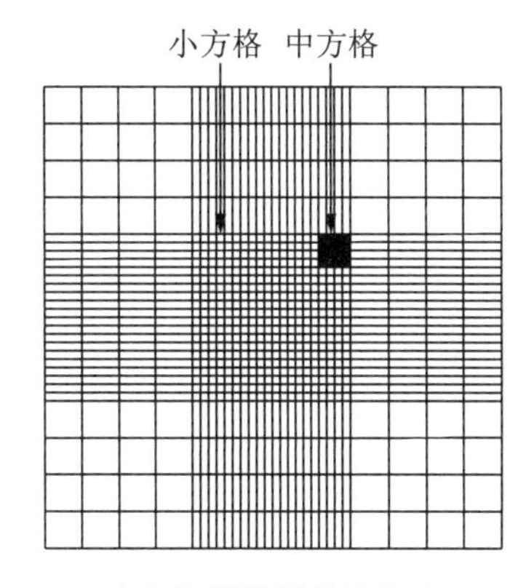

血细胞计数板构造(二)
放大后的方网格,中间大方格为计数室

图 27-1 血球计数板构造图

计数室(中间大方格)的刻度一般有两种规格,即 16×25 规格和 25×16 规格(图 27-2)。16×25 规格是计数室分成 16 个中方格,每个中方格又分成 25 个小格;25×16 规格是计数室分成 25 个中方格，每个中方格又分为 16 个小方格，但无论是哪一种规格的计数板，计数室大方格中的小方格都是 400 个。计数室边长为 1 mm，面积为 1 mm^2，盖上盖玻片后，盖玻片与载玻片之间的高度为 0.1 mm，所以计数室的容积为 0.1 mm^3，也就是每个计数室容积扩大 1 万倍方是 1 mL，即 0.1 $mm^3 \times 10^4 = 1\ cm^3 = 1$ mL。

计数时，如果使用 25×16 的计数板，要按对角线方位取左上、左下、中央、右上、右下 5 个中格进行计数，即计数 5×16=80 个小格中的细胞数(如图 27-2)。1 mL 菌液中的总菌数计算公式如下：

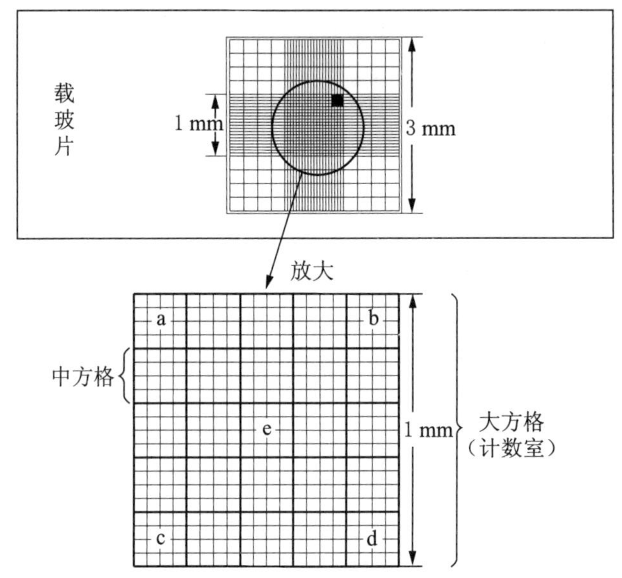

每个中方格共有16个小方格，1个大方格有400个小格　计数室深0.1 mm
计算a、b、c、d、e、五个中方格中的细胞总数，再除以80（五个中格含有的小格总数）就得每个小方格含有的细胞数。

图 27-2　25×16 血球计数板计数室结构

25×16 格的血球计数板计算公式一(小格内平均菌体细胞数)：

$$菌体细胞数(cfu/mL)=\frac{5\text{ 个中格(80 小格)内细胞总数}}{80}\times 400\times 10^4\times 稀释倍数 \quad (27\text{-}1)$$

25×16 格的血球计数板计算公式二(五个中格内细胞总数)：

$$菌体细胞数(cfu/mL)=5\text{ 个中格(80 小格)内细胞总数}\times 50\,000\times 稀释倍数 \quad (27\text{-}2)$$

如果使用 16×25 的计数板，要按对角线方位取左上、左下、右上、右下上述 4 个中格进行计数，即计数 4×25=100 个小格中的细胞数，1 mL 菌液中的总菌数计算公式如下：

16×25 格的血球计数板计算公式一：

菌体细胞数(cfu/mL)＝$\frac{\text{4 个中格(100 小格)内细胞总数}}{100}$×400×$10^4$×稀释倍数　(27-3)

16×25 格的血球计数板计算公式二：

菌体细胞数(cfu/mL)＝4 个中格(100 小格)内细胞数×40 000×稀释倍数　(27-4)

2. 测微技术(微生物大小测定方法)。

微生物细胞的大小是微生物基本的形态特征，也是分类鉴定的依据之一。其大小的测量要在显微镜下用目镜测微尺来进行，但由于测量的是放大后的图像，故目镜测微尺在不同放大倍率下每格实际代表的长度也随之变化，因此，要用镜台测微尺来校正在不同放大倍率下目镜测微尺每格所代表的实际长度。

镜台测微尺(图 27-3a)是中央刻有精确刻度的载玻片，一般是将 1 mm 等分为 100 格，每格长 0.01 mm，即 10 μm，它不直接用于测量细胞大小，而是用于校正目镜测微尺的每格的相对长度。

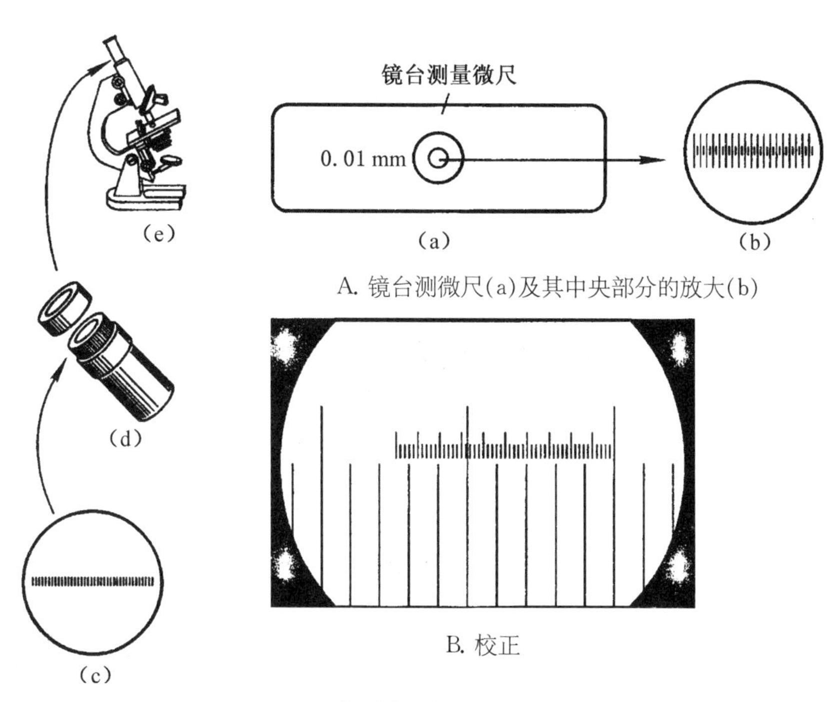

图 27-3　目镜测微尺与镜台测微尺校正

目镜测微尺(图 27-3c)是一个可放入目镜内的直径均为 1.75 mm 的圆形玻片，其中央有精确的等分刻度(有 50 格和 100 格两种)。测量时，将其放人目镜中的隔板上(图 27-3c、图 27-3d、图 27-3e)，用以测量经显微镜放大后的细胞物像。由于不同的显微镜或不同的目镜和物镜组合放大倍数不同，目镜测微尺每小格所代表的实际长度也不同。因此，用目镜测微尺测量微生物大小时，必须用镜台测微尺进行校正，以求出该显微镜在一定放大倍数的目镜和物镜下，目镜测微尺每小格所代表的相对长度。然后根据微生物细胞相当于目镜测微尺的格数，即可计算出细胞的实际大小。目镜测微尺与镜台测微尺校正的情况如图 27-3B 所示。

已知镜台测微尺每格长 10 μm，根据下列公式即可计算出在不同放大倍数下，目镜测微尺每格代表的实际长度。

$$\text{目镜测微尺每格长度}(\mu m)=\frac{\text{两重合线间镜台测微尺格数}}{\text{两重合线间目镜测微尺格数}}\times 10 \qquad (27\text{-}5)$$

用同样的方法换成高倍镜和油镜进行校正，记录并计算在每种倍率下目镜测微尺每一格所代表的长度。

例如：若在两重合刻度线之间目镜测微尺 50 格，镜台测微尺为 10 格，则此时目镜测微尺每小格所代表的实际长度＝(10 格×10 μm)/50 格＝2 μm。

三、器材与试剂

1. 器材。

(1) 普通光学显微镜。

(2) 血球计数板(又称血细胞计数板)。

(3) 目镜测微尺。

(4) 镜台测微尺。

(5) 载玻片与盖玻片。

(6) 接种环。

(7) 镊子。

(8) 酒精灯。

(9) 吸水纸。

(10) 擦镜纸。

2. 菌种。

(1) 啤酒酵母。

(2) 大肠杆菌。

(3) 金黄色葡萄球菌。

3. 试剂。

(1) 0.1%美蓝染液：1 g 美蓝和 95%乙醇 100 mL 混合，过滤，配制成 1%美蓝染液。使用时，再用蒸馏水稀释成 0.1%美蓝染液。

(2) 革兰氏染液：a. 结晶紫染液(初染液)；b. 革兰氏碘液(媒染液)；c. 95%乙醇(脱色

剂);d. 0.5%番红染液(复染液)。

(3) 香柏油。

(4) 二甲苯。

四、实验操作

1. 微生物直接计数法。

(1) 菌悬液的制备。为了便于计数,对样品进行适当稀释,稀释程度以每小格内含5—10个细胞为宜,可采用10倍系列稀释法。

(2) 镜检计数室。在加样前,先对计数板的计数室进行镜检,若有污物,需清洗,吹干后才能进行计数。

(3) 加菌悬液样品。将清洁干燥的血球计数板盖上盖玻片,再用无菌的毛细滴管将摇匀的菌悬液由盖玻片边缘滴一小滴,让菌液沿缝隙靠毛细渗透作用自动进入计数室,用吸水纸吸去多余水液。样品要均匀充满计数室,不可有气泡。

(4) 显微镜计数。加样后静止5 min,然后将血球计数板置于显微镜载物台上,先用低倍镜找到计数室所在位置,然后换成高倍镜进行计数。

计数时,对位于线上酵母菌,可采取只记数两条边的办法,即遵循"数上不数下、数左不数右"的原则;当酵母菌芽体达到母细胞大小的1/2时,可记作两个细胞;为了计算出芽率,芽体数另行计数,将计数结果填入表27-1。计数一个样品的含菌量为两个计数室中的平均数值。

(5) 计数完毕,将计数板在水龙头下冲洗干净,切勿用硬物洗刷,洗完后自行晾干或用电吹风吹干。

表27-1 细胞数及出芽率计数表

次　数	1					2					平均值
中格序号	左上	左下	右上	右下	中	左上	左下	右上	右下	中	
细胞数											
芽体数											
细胞总数(cfu/mL)											
芽体数(cfu/mL)											
出芽率											

注:此表为25×16血球计数板。如果是16×25血球计数板,"中"格不必填写。

2. 测微技术。

(1) 装目镜测微尺。取出目镜,把目镜上的透镜旋下,将目镜测微尺刻度朝下放在目镜镜筒内的隔板上，然后旋上目镜透镜，再将目镜插入镜筒内。

(2) 放置镜台测微尺。将镜台测微尺刻度面朝上放在显微镜载物台上，对准聚光器。

(3) 校正目镜测微尺。先用低倍镜观察，将镜台测微尺有刻度的部分移至视野中央，调节焦距，当清晰地看到镜台测微尺的刻度后，转动目镜使目镜测微尺刻度与镜台测微尺的刻度平行。调节标本移动螺旋移动镜台测微尺，使两尺的第一条刻度线相重合，再向右寻找另外两条重合的刻度线，分别数出两重合线之间镜台测微尺和目镜测微尺所占的格数，将结果记录于表 27-2 中，并计算目镜测微尺每格长度(μm)。按同样的方法，换成高倍镜、油镜，记录并算出目镜测微尺每格长度。

表 27-2　目镜测微尺校正结果

物镜	目镜测微尺格数	物镜测微尺格数	目微测微尺每格代表长度(μm)
10			
40			
100			

(4) 菌体大小的测定。目镜测微尺校正完毕后，取下镜台测微尺，换上菌体染色制片(对菌体进行简单染色或革兰氏染色；测定酵母菌细胞则制成水浸片)，校正焦距使菌体清晰，转动目镜测微尺和移动染色标本使两者平行对齐，测出待测菌的长和宽各占几小格，将测得的格数乘以目镜测微尺每小格所代表的长度，即可换算出此单个菌体的大小值。在同一涂片上测定 5 个菌体，求出其平均值代表该菌的大小，将结果记录表 27-3 中。

(5) 用后处理。取出目镜测微尺后，将目镜放回镜筒，再将目镜测微尺和镜台测微尺分别用擦镜纸擦拭干净，放回盒内保存。

表 27-3　菌体大小测定记录

测定次数	第 1 次	第 2 次	第 3 次	第 4 次	第 5 次	平均值
长/格						
宽/格						

3. 注意事项。

(1) 计数完毕后，血球计数板用水冲洗，绝不能用硬物洗刷。洗后让其自行晾干，或用滤纸吸干，最后用擦镜纸擦干净。若计数的是病原微生物，则需先浸泡在 5%石炭酸溶液中进行消毒，然后再进行清洗。

(2) 利用血球计数板在显微镜下直接计数的方法，无法区别死菌和活菌，有时样品中所含有的细小物质，也很难与菌体区别，故其计数结果往往偏高，因此在应用上具有一定的局限性,一般只有在微生物旺盛生长期间,没有或很少有死亡细胞的情况下,才能获得较准确的结果。

(3) 镜台测微尺的玻片很薄,在实验中标定油镜头时,应注意镜头和镜台测微尺间的距离,应由近距离向远距离调节,以免压碎镜台测微尺,损坏镜头。

五、思考题

1. 为什么更换不同放大倍数的目镜或物镜时,必须用镜台测微尺重新对目镜测微尺进行校正? 如何进行校正?

2. 随着显微镜放大倍数的改变,目镜测微尺每格代表的实际长度也会改变,你能找出这种变化的规律吗?

3. 根据你的体会,说明血球计数板计数的误差主要来自哪些方面? 应如何尽量减少误差,力求准确?

实验二十八　酵母菌形态观察及死活细胞的染色鉴别

一、实验目的

1. 了解酵母菌的菌落特征及其个体形态。

2. 观察酵母菌的子囊孢子和出芽繁殖方式。

3. 学会酵母菌死活细胞的鉴别方法。

二、实验原理及应用

酵母菌是不运动的单细胞真核微生物,菌体大小通常比常见细菌大几倍甚至十几倍。细胞呈圆形或卵圆形,菌落比细菌大且厚,呈圆形、湿润、表面光滑、黏性、有油脂状光泽,多数为白色或乳白色,少数红色,与培养基结合不紧,易被挑取。酵母菌的繁殖方式中,无性繁殖主要是出芽繁殖,有性繁殖主要是产生子囊孢子。

美蓝染色液是一种弱氧化剂,它的氧化型呈蓝色,还原型为无色。用美蓝对酵母的活细胞进行染色时,由于细胞的新陈代谢作用,能使美蓝还原。因此,酵母活细胞是无色的,而死细胞或代谢作用微弱的衰老细胞则呈蓝色或淡蓝色。本实验通过水-碘液浸片观察酵母的形态和美蓝染色液浸片鉴别酵母死活细胞。

石炭酸复红染色液为一种弱碱性染料,在加热条件下进行染料易进入菌体,而且还可以进入孢子中,经酸性酒精脱色后,进入孢子的染料则难以透出,若再用吕氏美蓝染色菌体,则菌体与子囊孢子易于区分。

三、器材与试剂

1. 器材。

(1) 接种针。

(2) 接种环。

(3) 酒精灯与火柴。

(4) 载玻片与盖玻片。

(5) 吸管。

(6) 显微镜。

(7) 镊子。

(8) 恒温培养箱。

2. 菌种:啤酒酵母。

3. 试剂。

(1) 鲁哥氏碘液:碘片 1 g,碘化钾 2 g,蒸馏水 300 mL。先将碘化钾溶解在少量水中,再将碘片溶解在碘化钾溶液中,待碘完全溶解后加足蒸馏水即可。

(2) 吕氏碱性美蓝染色液。

A 液:美蓝 0.6 g, 95%乙醇 30 mL。

B 液:KOH 0.01 g,蒸馏水 100 mL。

分别配制 A 液和 B 液,配好后混合即可。

(3) 石炭酸复红染色液。

A 液:碱性复红 0.3 g, 95%乙醇 10 mL。将碱性复红在研钵中研磨后,逐渐加入 95%乙醇,继续研磨使其溶解。

B 液:石炭酸 5 g,蒸馏水 95 mL。

将 A 液与 B 液混合即可。使用前将混合液稀释 5—10 倍,易失效,一次不宜多配。

(4) 酸性酒精:95%乙醇 97.0 mL,浓盐酸 3.0 mL。

(5) 麦氏琼脂斜面。

四、实验操作

1. 水-碘液浸片的观察。

(1) 制片:在载玻片中央加一小滴鲁哥氏碘液,然后在其上加 3 滴水,取少许酵母菌放入水-碘液中混匀,盖上盖玻片后镜检。

(2) 加盖玻片:另取一盖玻片将一端与菌液接触,然后慢慢将盖玻片放下使其盖在菌液上。盖玻片不宜平放,以免产生气泡影响观察。

(3) 镜检:先用低倍镜找到观察标本,后用高倍镜观察酵母的形态、大小和出芽情况。

2. 美蓝染色液浸片的观察。

(1) 制片:在洁净载玻片中央加一滴吕氏碱性美蓝染色液,然后按无菌操作方法,用接种环挑取少量酵母菌放在染色液中,混合均匀,染色 3—5 min。

(2) 加盖玻片:先将盖玻片一端与菌液接触,然后慢慢将盖玻片放下使其盖在菌液上。盖玻片不宜平放,以免产生气泡影响观察。

(3) 镜检:将制片放置约 3 min 后镜检,先用低倍镜找到标本,后用高倍镜观察酵母的形态、构造、内含物和出芽情况,并根据颜色来区别死活细胞。

3. 子囊孢子观察。

(1) 按无菌操作法将啤酒酵母先移到新鲜麦氏琼脂斜面上,25 ℃培养 24 h 左右,如此连续活化传代 3—4 次，使其生长良好，最后一次用 25—28 ℃培养 3—5 d，待用。

(2) 在干净载玻片的中央滴加一滴蒸馏水，按无菌操作要求，用接种环挑取少许已活化的啤酒酵母于蒸馏水中混匀，制成涂片，干燥，固定，冷却备用。

(3) 滴加石炭酸复红染色液于涂片处，在酒精灯上文火加热 5—10 min(不能使染料沸腾和玻片干涸)，倾去染色液，稍冷却后，用酸性酒精冲洗涂片至无红色褪下为止，再用水冲去酸性酒精。

(4) 加吕氏美蓝染色液数滴于涂片处，染色数秒钟后，水洗，干燥。

(5) 油镜下观察子囊孢子与菌体细胞形态。

五、思考题

1. 绘图说明所观察到的酵母菌的形态特征。
2. 说明酵母死活细胞染色鉴别的原理。
3. 观察子囊孢子，为什么要用石炭酸复红和吕氏美蓝两种染色剂进行染色？

实验二十九　霉菌、放线菌形态观察

一、实验目的

1. 了解霉菌、放线菌的基本形态特征。

2. 学会观察霉菌、放线菌形态的基本方法。

二、实验原理及应用

1. 霉菌形态特征的观察。

霉菌菌丝体及孢子的形态特征是识别不同种类霉菌的重要依据。霉菌菌丝和孢子的大小通常比细菌和放线菌大得多，因此用低倍镜即可观察。

霉菌菌丝较粗大，细胞易收缩变形，且孢子容易飞散，制作标本时不宜将菌体置于水中，而常用乳酸石炭酸棉蓝染色液。此染色液制成的霉菌标本片的特点是：细胞不变形，具有杀菌防腐作用，且不易干燥，能保持较长时间；能防止孢子飞散；溶液本身呈蓝色，能增强反差，具有较好的染色效果。

利用培养在玻璃纸上的霉菌作为观察材料，可以得到清晰、完整、保持不同生长阶段自然状态的霉菌形态。

2. 放线菌形态特征的观察。

放线菌是指一类呈菌丝状生长和以孢子繁殖的革兰氏阳性菌。其菌丝分为营养菌丝、气生菌丝和孢子丝，孢子丝呈螺旋形、波浪形或分枝状等，孢子常呈圆形、椭圆形或杆形。气生菌丝及孢子的形态和颜色常作为分类的重要依据。

和细菌的单染色一样，放线菌也可用碱性美蓝等染料着色，在显微镜下观察其形态。为了不打乱孢子的排列情况，常用印片染色法和胶带纸黏菌染色法进行制片观察。

三、器材与试剂

1. 器材。

(1) 接种针。

(2) 接种环。

(3) 酒精灯。

(4) 载玻片与盖玻片。

(5) 吸管。

(6) 显微镜。

(7) 镊子。

(8) 恒温培养箱。

(9) 玻璃纸。

2. 试剂。

(1) 乳酸石炭酸棉蓝染色液。

(2) 石炭酸复红染色液。

(3) PDA 培养基。

(4) 高氏一号琼脂平板培养基。

3. 菌种。

(1) 总状毛霉。

(2) 木霉。

(3) 黑曲霉。

(4) 链霉菌。

四、实验操作

1. 霉菌形态观察方法。

(1) 霉菌菌落特征观察法。

① 倒平板:将 PDA 培养基溶化后,倒 10—12 mL 于灭菌培养皿内,凝固后使用。

② 接种与培养:将总状毛霉、木霉、黑曲霉等接种在不同的平皿中,于 28—30 ℃培养 3—7 d。

③ 观察:观察 PDA 平板上的霉菌菌落,描述其菌落特征,注意菌落形态大小,菌丝高矮、生长紧密度、孢子颜色和菌落表面等情况,比较与酵母菌菌落特征的异同。

(2) 直接制水浸片观察法。

① 制片:在一洁净载玻片上滴加一滴乳酸石炭酸棉蓝染色液,用接种针挑取霉菌菌落边缘处的幼嫩菌丝,先置于 50%的乙醇中浸润,再用蒸馏水将浸过的菌丝洗一下,以洗去脱落的孢子,然后放入载玻片上的染色液中,小心地用接种针将菌丝分散开来。挑菌和制片时要细心,尽可能保持霉菌的自然生长状态。盖上盖玻片,勿产生气泡,且不要移动盖玻片,以免搞乱菌丝。

② 镜检:先用低倍镜观察,必要时转换高倍镜进一步观察。

(3) 玻璃纸透析培养观察法。

① 玻璃纸灭菌:将玻璃纸剪成培养皿大小,经水浸湿后,放入平皿内,121 ℃高压蒸汽灭

菌 30 min。

② 菌种培养:按无菌操作法,倒 PDA 平板,凝固后用灭菌的镊子夹取无菌玻璃纸紧紧贴附于平板上;再用接种环蘸取少许霉菌孢子,轻轻抖落在玻璃纸上;最后将平板置 28—30 ℃下培养 2—5 d。

③ 制片:剪取经玻璃纸透析法培养 2—5 d 后长有菌丝和孢子的玻璃纸一小块,先放在 50%乙醇中浸一下,然后正面向上贴附于干净载玻片上,滴加 1—2 滴乳酸石炭酸棉蓝染色液,小心盖上盖玻片。

④ 镜检:先用低倍镜观察,必要时再换高倍镜。注意观察菌丝有无隔膜,有无假根、足细胞等特殊形态的菌丝;无性繁殖器官的形状和构造;孢子着生的方式和孢子的形态、大小等特征。

2. 放线菌形态观察方法。

(1) 插片观察法。

将放线菌接种在琼脂平板中央,用镊子将盖玻片以 45 度插入培养基内,并围绕接种菌块呈四边形分布,使放线菌菌丝沿着培养基表面与盖玻片生长。

① 倒平板:取融化后冷却至约 50 ℃的高氏一号琼脂平板培养基约 15 mL 倒平板,凝固备用。

② 接种:用接种环从斜面菌种中挑取一菌块接种在琼脂平板中央。

③ 插片:用镊子将盖玻片以 45°插入培养基内,使其围绕接种菌块呈四边形分布。

④ 培养:将平板倒置,于 28 ℃培养 5—7 d。

⑤ 镜检:用镊子小心取出盖玻片,擦去背面培养物,将有菌的一面朝下放在载玻片上,用无菌水制成玻片,镜检观察。

(2) 玻璃片观察法。

① 倒平板:同插片观察法。

② 铺玻璃纸:无菌操作状态下用镊子将已灭菌、略小于培养皿底的玻璃纸平铺在培养基表面,用玻璃棒将纸压平,紧贴平板表面,使纸与平板间无气泡。

③ 接种:用接种钩从菌种斜面挑取一菌块接种在平板中央。

④ 培养:于 28 ℃培养 5—7 d。

⑤ 镜检:用灭菌小刀从平板上切取一小块玻璃纸,带菌面朝上放在载玻片上,使玻璃纸平贴于载玻片,盖好盖玻片后直接镜检。先用低倍镜观察,再用高倍镜观察。

(3) 印片法。

① 倒平板:同插片观察法。

② 接种培养:同插片观察法。

③ 印片:用灭菌小刀切取一小块含培养基的菌苔,菌面朝上放在一洁净的载玻片上,另取一洁净载玻片,轻轻盖在菌苔上,稍微按压,使培养物黏附“印”在后一载玻片上,将带印迹的一面朝上,然后将载玻片垂直拿起。注意不要使培养体在玻片上滑动,否则会打乱孢子丝的自然形态。

④ 微热固定:将印有放线菌的涂面朝上,通过酒精灯火焰 2—3 次加热固定。

⑤ 染色、水洗:用石炭酸复红覆盖印迹,染色约 1 min 后水洗、晾干。

⑥ 镜检:先用低倍镜后用高倍镜,最后用油镜观察孢子丝、孢子的形态及孢子排列情况。

3. 注意事项。

(1) 镜检时要特别注意放线菌的营养菌丝、气生菌丝的粗细和色泽差异。

(2) 放线菌生长慢,培养时间长,在操作时应特别注意无菌操作,严防杂菌污染。

(3) 玻璃纸与平板培养基之间不宜有气泡,以免影响其表面放线菌的生长。

(4) 玻璃纸在灭菌前应予以湿润,并将其与湿润纸交替分隔叠放在培养皿内灭菌,以防玻璃纸皱缩和相互黏在一起而不易揭开。

五、思考题

1. 绘图说明所观察到的几种霉菌和放线菌的形态特征。
2. 比较在显微镜下,放线菌与霉菌形态上的异同。
3. 试述培养观察放线菌与霉菌几种方法。

实验三十　细菌的生理生化试验

一、实验目的

1. 了解细菌生理生化反应原理和代谢多样性。

2. 学会细菌鉴定中常用的生理生化反应方法。

3. 观察细菌在不同培养基中的不同生长现象和判别不同代谢产物。

二、实验原理及应用

1. 糖类分解(发酵)试验。

不同的细菌对各种糖醇的分解能力及所产生的代谢产物各不相同,有的能分解多种糖醇;有的只能分解1、2种糖醇;有的分解糖醇能产酸产气,培养基中指示剂遇酸变色,并有气泡;有的分解糖醇只产酸不产气;有的不分解糖类。根据这些特点,可鉴别细菌。

常用的糖醇有单糖(葡萄糖、甘露糖醇、木糖、半乳糖、鼠李糖等);双糖(乳糖、蔗糖、麦芽糖、蕈糖等);三糖(棉籽糖等);多糖(菊糖、肝糖、淀粉等);醇类(甘露醇、山梨醇、肌醇、卫矛醇等);苷类(水杨苷、松柏苷等)。

观察细菌对糖类的分解情况,常用于肠道杆菌的鉴定,如大肠杆菌能分解乳糖和葡萄糖,产酸产气;而沙门氏菌只能分解葡萄糖,产酸不产气,而不能分解乳糖。

2. V-P试验。

V-P试验又称乙酰甲基甲醇试验或二乙酰试验。细菌发酵葡萄糖,产生丙酮酸,丙酮酸脱羧生成乙酰甲基甲醇,乙酰甲基甲醇转变为2, 3-丁二烯醇,在碱性环境中2, 3-丁二烯醇被氧化为二乙酰,二乙酰与蛋白胨中的精氨酸所含的胍基结合,生成粉红色化合物,称为V-P阳性反应。

3. 甲基红试验(MR试验)。

某些细菌在糖代谢过程中生成丙酮酸,有的甚至进一步被分解为甲酸、乙酸、乳酸等,从而使培养基的pH下降至4.5以下(V-P试验的培养物pH常在4.5以上),故加入甲基红试剂呈红色。因甲基红指示剂变色范围是pH4.4(红色)—pH6.2(黄色)。若某些细菌如产气杆菌,分解葡萄糖产生丙酮酸,但很快将丙酮酸脱羧,转化成醇等物,则培养基的pH仍在6.2以上,故此时加入甲基红指示剂,呈现黄色。甲基红试验(MR试验)常与V-P试验一起使用,因为甲基红试验呈阳性的细菌,V-P 试验通常为阴性(图 30-1)。V-P 试验与甲基红试验是肠道杆菌常用的生化反应试验,主要用于区别大肠杆菌和产气肠杆菌。

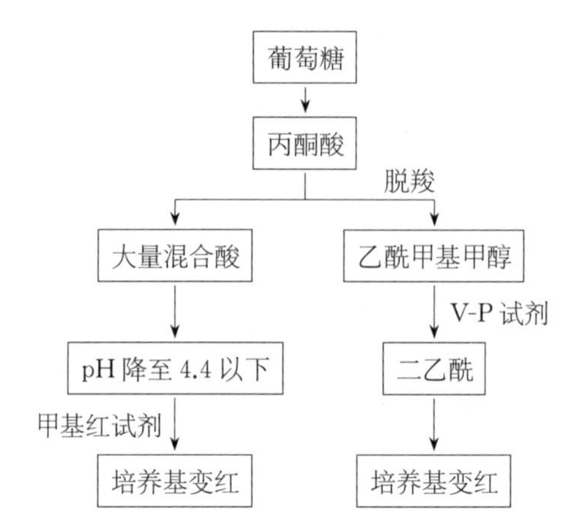

图 30-1 葡萄糖发酵形成丙酮酸后的不同代谢途径

4. 靛基质试验。

靛基质试验又称吲哚试验,主要用于肠杆菌科细菌的鉴定,如大肠埃希菌(+)与产气肠杆菌(-)。

5. 硫化氢试验。

某些细菌能分解含硫氨基酸(如胱氨酸、半胱氨酸)或含硫化合物,而生成硫化氢气体,与亚铁离子或铅离子结合形成黑色沉淀物。主要用于鉴别肠杆菌科细菌,如沙门菌属、柠檬酸杆菌属、变形杆菌属、爱德华菌属等为阳性,其他菌属大多为阴性。

6. 尿素酶试验。

某些细菌能产生尿素酶,分解尿素产生大量的氨,使培养基变碱,并使酚红指示剂变红。主要用于肠杆菌种属间的鉴定。

7. 三糖铁琼脂试验。

三糖铁琼脂(TSI)培养基制成高底层短斜面,其中葡萄糖含量仅为乳糖或蔗糖的 1/10,若细菌只分解葡萄糖而不分解乳糖和蔗糖,分解葡萄糖产酸使 pH 降低,因此斜面和底层均先呈黄色,但因葡萄糖量较少,所生成的少量酸可因接触空气而氧化,并因细菌生长繁殖利用含氮物质生成碱性化合物,使斜面部分又变成红色;底层由于处于缺氧状态,细菌分解葡萄糖所生成的酸类一时不被氧化而仍保持黄色。若细菌即能分解葡萄糖,又能分解乳糖或蔗糖产酸产气,则斜面与底层均呈黄色,且有气泡。若细菌能产生硫化氢,与培养基中的硫酸亚铁作用,则形成黑色的硫化铁。三糖铁琼脂试验结果见图 30-2。

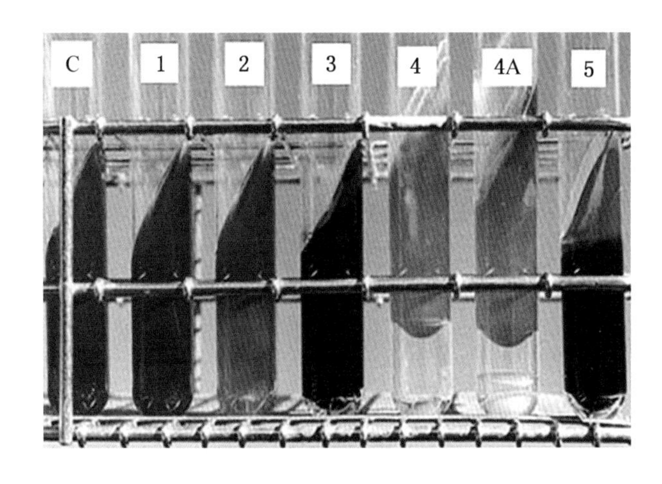

说明:
C 对照管。
1 斜面一/底面一,不发酵糖类。
2 斜面一/底面+,是发酵葡萄糖而不发酵乳糖菌的特征,如志贺氏菌。
3 斜面一/底部+、H_2S+,是产生硫化氢而不发酵乳糖菌的特征,如沙门氏菌。
4 斜面+/底部+,产生气体,是发酵乳糖产生气体特征,如大肠埃希氏菌。
4A 斜面一/底面+,并产生 CO_2,发酵葡萄糖产生气体。
5 斜面+/底部+, H_2S+,是发酵乳糖,产生硫化氢阳性反应。

图 30-2 三糖铁琼脂(TSI)试验结果

应用于鉴别肠道杆菌,TSI 对初分离出的、可疑为革兰氏阴性杆菌鉴定特别有用。其反应模式是许多杆菌鉴定表的组成部分,也可作为观察其他培养基反应的有价值的质控依据。

三、器材与试剂

1. 培养基及试剂。

(1) 各种糖(醇)发酵管或固体发酵管、或微量发酵管。

(2) 溴麝香草酚蓝。

(3) 溴甲酚紫。

(4) 酚红。

(5) 葡萄糖蛋白胨水。

(6) V-P 试剂:A 液为 6%α-奈酚酒精溶液,B 液为 40%氢氧化钾。

(7) 甲基红试剂。

(8) 缓冲蛋白胨水培养基。

(9) 吲哚试剂。

(10) 醋酸铅培养基。

(11) 尿素琼脂培养基。

(12) 三糖铁琼脂培养基。

2. 菌种。

(1) 大肠杆菌。

(2) 产气肠杆菌。

(3) 沙门氏菌。

四、实验操作

1. 糖类分解(发酵)试验。

(1) 用接种环挑取少量待检细菌,接种于糖(醇)发酵管培养基中(每个试管内置一支倒立的杜氏小管),若为半固体,则用接种针穿刺接种(可省去杜氏小管)。

(2) 接种管标记清楚后,放于 36 ℃±1 ℃培养 2—3 天,观察结果。

(3) 结果:培养基遇酸变色则为阳性(+),(若是溴麝香草酚蓝遇酸则由蓝变黄;若是溴甲酚紫遇酸则由紫变黄;若是酚红遇酸则由红变蓝),培养基不变色则为阴性(-)。若有气体产生,则倒立小管出现气泡。若为半固体培养基,则沿穿刺接种线和管壁及管底有微小气泡,用符号"O"表示(表 30-1 与图 30-3)。有时还可看出接种菌有无动力,若有动力,培养物沿穿刺接种线呈弥漫生长。

表 30-1　糖发酵结果情况

反应现象	结果描述
酸性变色、有气泡	分解某糖(醇)产酸、产气,用"⊕"表示
酸性变色、无气泡	分解某糖(醇)产酸、不产气,用"+"表示
培养基不变色	不分解某糖(醇),用"-"表示

图 30-3　糖发酵结果

2. V-P 试验。

(1) 将被检细菌接种于葡萄糖蛋白胨水培养后,于 36 ℃±1 ℃培养 48 h。

(2) 于每 2 mL 培养液内加入 V-P 试剂甲液 1 mL 和乙液 0.4 mL,摇振混合。

(3) 结果:试验时强阳性(+)者,可产生粉红色反应(若效果不明显,则置 37 ℃恒温箱中保温 15—30 min 后观察),颜色不变者为阴性(-)(图 30-4)。

3. 甲基红试验。

(1) 将被检细菌接种于葡萄糖蛋白胨水,于 36 ℃±1 ℃培养 48 h。

(2) 在培养物中加入 3—5 滴甲基红试剂,观察是否有颜色变化。

(3) 结果:加入甲基红试剂后,培养基呈现红色为阳性(+);培养基不变色为阴性(-)。

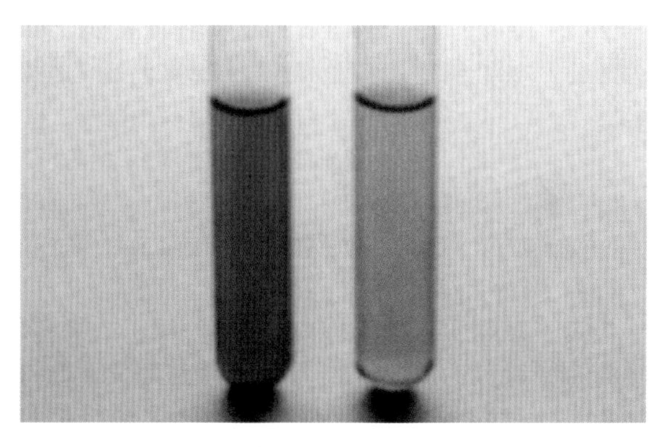

红色为阳性 不变为阴性

图 30-4 V-P 试验结果

4. 靛基质试验。

(1) 将待检菌接种于富含色氨酸的蛋白胨水培养基中,于 36 ℃±1 ℃培养 24—48 h。

(2) 先加入 3—4 滴乙醚或二甲苯,摇动试管以提取和浓缩靛基质,待其浮于培养液表面后,再沿试管壁徐徐加入吲哚试剂数滴,观察结果。

(3) 结果:红色为阳性反应,仍为黄色则为阴性反应(图 30-5)。

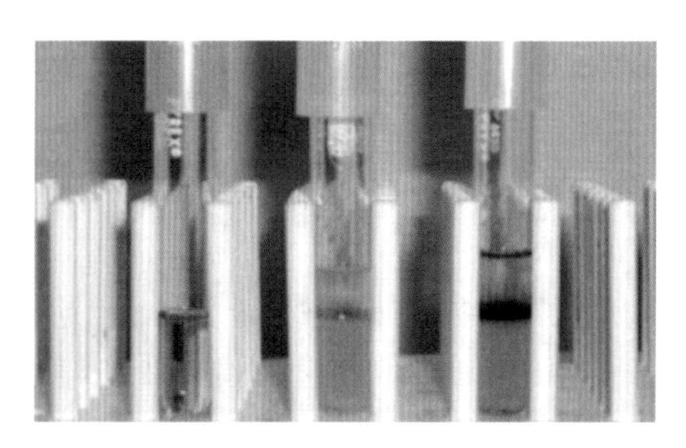

对照管 阴 性 阳 性

图 30-5 靛基质试验结果

5. 硫化氢试验。

(1) 将待检菌接种于醋酸铅培养基中,于 36 ℃±1 ℃培养 24—48 h,观察有无黑色沉淀出现。

(2) 结果。有黑色沉淀物为阳性(+),不变色者为阴性(−)。

6. 尿素酶试验。

(1) 将待检菌穿刺接种于尿素琼脂斜面培养基中,不要到达底部,留底部做变色对照,或接种于液体培养基中,摇匀,于 36 ℃±1 ℃培养 18—24 h,观察结果。

(2) 结果。红色为阳性(+),不变色为阴性(−)(图 30-6)。

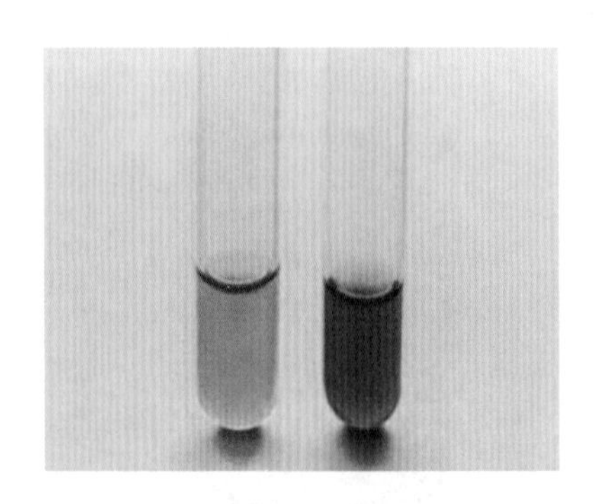

阴性　阳性

图 30-6　尿素酶试验结果

7. 三糖铁琼脂培养基试验。

(1) 用接种针挑取待检菌的菌落,先穿刺接种到 TSI 深层,距管底 3—5 mm 为止,再从原路退回,在斜面自下而上划线,置于 36 ℃±1 ℃恒温箱培养 18—24 h,观察结果。

(2) 结果。常见的 TSI 反应有如下几种:

① 斜面碱性(一、红色)/底层碱性(一、红色)。不能发酵碳水化合物,系不发酵菌的特征,如铜绿假单胞菌。

② 斜面碱性(一、红色)/底层酸性(+、黄色)。能发酵葡萄糖、不能发酵乳糖和蔗糖,系不发酵乳糖菌的特征,如志贺氏菌。

③ 斜面碱性(一、红色)/底层酸性(+、黑色)。能发酵葡萄糖并产生硫化氢,不能发酵乳糖,是产生硫化氢不发酵乳糖菌的特征,如沙门氏菌、亚利桑那菌、枸橼酸杆菌和变形杆菌等。

④ 斜面酸性(+、黄色)/底层酸性(+、黄色)。能发酵葡萄糖、乳糖和蔗糖,是发酵乳糖菌的特征,如大肠埃希氏菌、克雷伯菌属和肠杆菌属(图 30-2)。

五、思考题

1. 生化试验在细菌鉴定中的作用与意义是什么?与显微镜检验、培养检验有什么不同?

2. 试述各种生化试验的原理。

3. 生化试验中为什么要设对照试验?

实验三十一　酸奶的酿造

一、实验目的

1. 了解酸奶制作的基本原理。

2. 学会酸奶制作方法。

二、实验原理及应用

酸奶是以牛奶为主要原料，经乳酸菌厌氧发酵制成的发酵乳。牛乳中的主要蛋白质是酪蛋白，其等电点约为 4.6。当乳酸菌发酵牛奶时，乳糖等物质产生乳酸而降低 pH 值至酪蛋白的等电点时，使酪蛋白形成凝乳状沉淀。制成的酸奶 pH 值一般在 4.0—4.6，其主要酸性物质乳酸不仅起到保持成品性状，提供风味、减缓成品腐败的作用，也能抑制肠胃有害细菌的生长。某些乳酸菌可以在消化道定植并产生乳酸、乙酸而改善肠道的微生态环境。酸奶制作时，乳酸菌的大量繁殖使牛奶中部分蛋白质降解及乳酸钙形成，同时也形成一些脂肪、丁二酮等风味物质，这些物质共同赋予酸奶双重特性，既具有保健饮料的特性，又具有嗜好饮料的特性。

酸奶制作时发酵剂具有单菌和多菌混合型。菌种的选择主要由产品要求及生产条件确定的。例如，日本选育的干酪乳杆菌 YIT9029，在生产中可抗噬菌体裂解，产品可抗胃酸，风味优良。采用多菌混合发酵是要提高产酸力并使产品具有更佳的风味，常用多菌混合是：①1∶1 的嗜热乳酸链球菌与保加利亚乳杆菌，常采用恒温发酵；②1∶1 的乳酸菌与乳脂链球菌，常采用自然发酵。恒温发酵主要是人工控制发酵温度；自然发酵主要是在环境温度不超过 37 ℃下进行，冬季时则采取简单的保温措施，使环境温度尽量在 25 ℃以上进行自然发酵成熟，此种发酵虽然简便，但发酵周期往往很长。

三、器材与试剂

1. 器材。

(1) 煮锅。

(2) 干热灭菌奶瓶。

(3) 恒温箱。

(4) 冰箱。

2. 试剂。

(1) 新鲜优质牛奶。

(2) 蔗糖。

3. 菌种。

嗜热链球菌和保加利亚杆菌混合菌种生长发酵剂。

四、实验操作

1. 加热处理牛奶。将牛奶 10 kg 置于煮锅,加 1 kg 蔗糖(牛奶、蔗糖和发酵剂可根据学生数和实验用量,按比例减少或增加),加热至 85—90 ℃,维持 30 min,封盖。

2. 冷却:较快冷却至 40 ℃。

3. 接种:接 0.5 kg 发酵剂于牛奶中,要求无菌操作,若发酵剂酸度高于或低于 0.4%,可适量增减用量。

4. 罐装、发酵:将搅匀的牛奶无菌操作倒入奶瓶,每个奶瓶约 0.25 kg(距瓶口 1.5 cm),迅速封口,整个过程不得超过 1.5 h。将奶瓶送入 40—45 ℃恒温箱(或发酵室)发酵 2—3 h。若酸奶凝结、pH 达到 4.2—4.3 可停止发酵。

5. 后发酵:将酸奶转至 0—5 ℃冷藏室,搬运要避免振动,冷藏酸奶 12—24 h。酸奶要经过 30 min 左右降至 10 ℃,这期间乳酸菌仍缓慢生长,酸度继续升高,此为后发酵。温度降至 10 ℃以后,后发酵停止。为防止酸度升高、杂菌污染,使乳清回吸,提高稳定性,一般需继续冷藏 12—24 h。

6. 成品检查:感官指标为凝乳结实均匀,无气泡,表面光滑,乳色,酸味怡人;理化及卫生指标(本实验省略)为脂肪>3%,酸度 80—120 °T,大肠菌群<40/100 mL,致病菌为阴性。

五、思考题

1. 观察记录酸奶发酵的时间、现象,对产品进行感官评定,写出品尝体会。

2. 发酵原料奶含有抗生素及防腐剂,是否影响发酵?为什么?

3. 制作酸奶的发酵剂为什么不可过多加用?

4. 为什么在酸奶发酵要加入蔗糖?

实验三十二　发酵乳制品生产菌种的复壮技术

一、实验目的

1. 了解发酵乳制品生产菌种复壮基本原理。

2. 学会菌种复壮的一般技术。

二、实验原理及应用

菌种在长期保存过程中会出现部分菌种退化现象，菌种退化过程是一个从量变到质变的过程。最初，在群体中个别细胞发生负突变，如果不及时发现并采取有效措施，就会造成群体中负突变个体的比例逐渐增高，最后占优势，从而导致群体出现严重的退化现象。菌种衰退最易察觉到的是菌落和细胞形态的改变，菌种衰退会出现生长速度缓慢，代谢产物生产能力减弱或其对宿主寄生能力明显下降。因此，在使用菌种前需对菌种进行复壮。

复壮就是通过分离纯化，把细胞群体中一部分仍保持原有典型性状的细胞分离出来，经过扩大培养，最终恢复菌株的典型性状，但这是一种消极的复壮措施。广义的复壮即在菌株的生产性能尚未退化前就经常有意识地进行纯种分离和生产性能的测定，保证菌种性能的稳定或逐步提高。常用的分离纯化方法很多，大体上可分为 3 种：第一种又分为两类，一类较粗放，一般只能达到纯菌落的水平，即从种的水平上来说是纯的。例如在琼脂平板上进行划线分离、表面涂布或与尚未凝固的琼脂培养基混匀后再倾注并铺成平板等方法获得单菌落。另一类较精细，是单细胞或单孢子水平上的分离方法，它可达到纯细胞的水平。第二种是通过宿主体内进行复壮，对于寄生型微生物退化菌株，可直接接种到相应的动植物体内，通过寄主体内来提高菌株的活性或提高它的某一性状。第三种方法是淘汰已衰退的个体，通过物理、化学的方法处理菌体(孢子)使其死亡率达到 80%以上或更高一些，存活的菌株一般是比较健壮的，从中可以挑选出优良菌种，达到复壮的目的。本实验主要采用第一种方法。

三、器材与试剂

1. 器材。

(1) 无菌移液管。

(2) 漩涡振荡器。

(3) 接种针。

(4) 无菌培养皿。

(5) 盛 9 mL 无菌生理盐水的试管。

2. 试剂。

(1) MRS 培养基。

(2) 0.1 mol/L NaOH 标准溶液。

(3) 复原脱脂乳。

3. 菌种。

保加利亚乳杆菌。

四、实验操作

1. 编号。

取盛有 9 mL 无菌水的试管排列于试管架上，依次标明 10^{-1}、10^{-2}、10^{-3}、10^{-4}、10^{-5}、10^{-6}。取无菌培养皿 3 套，分别用记号笔标明 10^{-4}、10^{-5}、10^{-6}。

2. 稀释。

待复壮菌种培养液在漩涡振荡器上混合均匀，用 1 mL 无菌吸管精确地吸取 1 mL 菌悬液于 10^{-1}的试管中，振荡混合均匀，然后另取一支吸管自 10^{-1}试管内吸 1 mL 移入 10^{-2}试管内，依次系列稀释至 10^{-6}。

3. 倒平板。

用 3 支 1 mL 无菌吸管分别吸取 10^{-4}、10^{-5}、10^{-6}的稀释液各 0.1 mL，对号放入已编号的无菌培养皿中。无菌操作倒入熔化后冷却至 45 ℃左右的 MRS 固体培养基 10—15 mL，置水平位置，按同一方向，迅速混匀，待凝固后置于 40 ℃恒温箱中培养 48 h。

4. 分离纯化。

取出培养 48 h 的菌种，在无菌工作台上，用接种针挑取 10 个较大的、呈棉花状的菌落，分别接种于液体 MRS 培养基中，置于 40 ℃恒温箱中培养 24 h。

5. 接种。

按 1%的接种量将纯化的培养物接种于已灭菌的复原脱脂乳中，同时接种具有较高活力的保加利亚乳杆菌于复原脱脂乳中作为对照。

6. 活力测定。

(1) 观察：观察复原脱脂乳的凝乳时间。

(2) 酸度：采用标准 NaOH 溶液滴定法测定发酵乳液的酸度。

(3) 计数：采用倾注平板法测定活菌菌落数量。

五、思考题

1. 记录复原脱脂乳的凝乳时间、酸度和活菌菌落数量。

2. 为什么要对菌种进行复壮?

实验三十三　酸泡菜制作及乳酸菌的分离与初步鉴定

一、实验目的

1. 了解乳酸菌的生理生化特性。

2. 了解乳酸发酵知识和乳酸发酵制品的制作原理。

3. 学会酸泡菜制作和分离鉴定乳酸菌的方法。

二、实验原理及应用

在泡菜制作过程中，一个主要作用就是乳酸发酵。乳酸发酵是在厌氧条件下，某些微生物将已糖分解产生乳酸的作用，酸泡菜、酸奶及青储饲料的制作均是最常见的乳酸发酵。乳酸在这些制品中的作用主要是提供特殊风味，降低 pH 值可抑制腐败细菌的生长。根据反应过程和产物不同，有同型乳酸发酵和异型乳酸发酵之分，同型乳酸发酵产物只有乳酸。制作质量好的泡菜、酸奶等乳酸发酵制品中，同型乳酸发酵是主要的发酵过程。异型乳酸发酵的产物则较复杂，除产生乳酸外，还可产生乙醇、甲酸、乙酸、琥珀酸、甘油、二氧化碳和氢气等。不同的微生物可造成异型乳酸发酵的产物不同或各产物的比例不同，但通常所形成的乳酸约占发酵产物的 40%，琥珀酸约占 20%，乙酸和乙醇约占 10%，气体约占 20%。在乳酸发酵制品中，如异型乳酸发酵所占的比例较大则其风味不纯正，由于产生的乳酸较少，产物较复杂，容易造成其他腐败微生物的生长。严格掌握操作程序标准，并为常见同型乳酸发酵细菌提供厌氧等环境，是增大同型乳酸发酵比例，提高产品质量的重要保证。当然，如果仅有同型乳酸发酵，产品的风味也会单调。

乳酸发酵的微生物主要是各种乳酸细菌，常见的有乳酸链球菌、胚芽乳杆菌、短乳杆菌、肠膜状明串珠菌等。这些细菌都是厌氧菌或微厌氧菌，在 pH 值为 5—6 环境中能正常生长。除乳酸链球菌是长链或短链排列的球菌外，其余均为无芽孢、革兰氏阳性、不运动的杆菌。

在制作酸泡菜时，加食盐可以促使含有已糖等营养的菜汁从组织中抽提出来，这种食盐溶液利于乳酸菌的生长，而抑制其他微生物的生长。当发酵至总酸度达到 1.5%—2%时，发酵活动停止，这里乳酸可达到 1%—1.5%。

三、器材与试剂

1. 器材。

(1) 试管。

(2) 无菌吸管。

(3) 无菌培养皿。

(4) 无菌 50 mL 的三角瓶。

(5) 厌氧罩。

(6) 有旋盖大罐头瓶。

(7) 刀与砧板。

2. 试剂。

(1) 植物发酵液乳酸菌培养基:胨化牛乳 15 g,酵母膏 5 g,葡萄糖 10 g,西红柿汁 100 g,吐温 80(聚山梨醇酸酯 80)10 mL,琼脂 10 g, KH_2PO_4 2 g,蒸馏水 100 mL。将培养基放入灭菌锅内,0.07 MPa 灭菌 15 min。

(2) 革兰氏染色液。

(3) 10% H_2SO_4。

(4) 2% $KMnO_4$。

(5) 含氨硝酸银溶液:甲液为 0.1 moL/L 硝酸银溶液;乙液为 5 moL/L 氨水溶液。临用前两液以 1∶5 混合。

3. 材料。

(1) 滤纸条。

(2) 萝卜。

(3) 食盐。

(4) pH 试纸。

(5) 热水。

四、实验操作

1. 乳酸发酵——酸泡菜的制作。

(1) 热开水配制 5%食盐溶液 150—200 mL,放凉待用。

(2) 将萝卜洗净,带皮切成小块,稍晾干后放入罐头瓶至瓶口 1.5 cm 左右,再加食盐溶液至淹没萝卜块,此时液面距瓶口约 0.5 cm。拧上盖以隔绝空气,置 28—30 ℃培养一周至一周半左右,观察有无气体产生及其是否污染。

(3) 结果检验:开盖后,可闻到微酸味,说明有乳酸发酵作用,品尝有酸泡菜特殊风味。

用 pH 试纸测定，发酵液呈酸性。

2. 乳酸菌的分离和初步鉴定。

(1) 乳酸菌的观察：取泡菜发酵液一环制涂片，用革兰氏液染色，油镜检查可见菌体为 G^+，无芽孢，细长的为乳酸杆菌；若是成链状排列、G^-，则为乳酸链球菌。

(2) 产生乳酸的检查：取泡菜发酵液 10 mL 放于试管中，加 10% H_2SO_4 1 mL，再加 2% $KMnO_4$ 1 mL，此时乳酸转化为乙醛。取滤纸条于含氨硝酸银溶液浸湿，横搭于试管口，徐徐加热试管到沸腾，挥发的乙醛使滤纸变黑，说明发酵液有乳酸的生成。

(3) 乳酸菌的分离：取发酵液 5 mL 放于三角瓶，加 25 mL 乳酸菌液体培养基，混匀，为稀释液Ⅰ；再取稀释液Ⅰ 5 mL 放于三角瓶，加 25 mL 乳酸菌液体培养基，混匀，为稀释液Ⅱ；如此配制到稀释液Ⅹ。将各稀释液分别取 0.1 mL 于无菌培养皿中，倒 15 mL 乳酸菌固体培养基于培养皿中，凝固后置厌氧罩中 28—30 ℃培养 2—4 d，待有白色小菌落长出，即为初步分离的乳酸菌。进一步的鉴定应以有关生理生化试验为主。

五、思考题

1. 简述感官评定酸泡菜酸味及其特殊风味。
2. 镜检并观察记录乳酸菌形态特征。
3. 酸泡菜发酵如何避免杂菌污染？若发现霉菌污染，应该如何处理？

实验三十四　馒头的制作

一、实验目的

1. 了解利用酵母菌制作面食发酵制品的原理。

2. 学会馒头的制作方法。

二、实验原理及应用

馒头制作有四大基本工序：和面、面团发酵、制形和上屉蒸熟，其中，面团发酵是最重要的工序。小麦粉在酵母菌作用下，发生生物化学变化，称为面团发酵。调制成熟后的面团结构紧实，通过发酵以后，面团则变成一个多孔性的海绵体，这一变化是靠酵母菌发酵来完成的，酵母菌利用面团中的营养物质，在氧气的参与下繁殖，产生大量的二氧化碳气体和酒精等物质，使面团变得膨化松软而富有弹性。

面团发酵的变化分为有氧呼吸与酒精发酵两个阶段。在面团发酵初期，面团中的氧气和营养成分供应充足，酵母的生命活动旺盛，呼吸作用强烈，能迅速地将单糖分解为二氧化碳和水，并释放出能量，所有这些都积存在面团的内部。随着发酵作用的继续进行，二氧化碳气体逐渐增加，面团内的氧气相应减少，酵母菌在缺氧的条件下进行发酵，将面团内的单糖分解产生酒精和二氧化碳气体。

面团发酵在馒头制作过程中主要有以下 3 个方面的作用：其一，糖、醇和酸等风味物质的形成，主要产生酒醇香味。其二，组织的变化，面团变成柔软而易于伸展加工，充分起发膨松，形成蜂窝组织。其三，面筋的成熟，发酵中发生氧化作用，使面团气力增加，促使面筋成熟。

影响面团发酵的因素有：酵母菌、温度、加水量、发酵时间和小麦粉品质等。鲜酵母的发酵力一般要求在 650 mL 以上，酵母用量一般在 2%左右为宜。发酵温度一般控制在 25—28 ℃，最高不超过 30 ℃。一般加水量为小麦粉总量的 50%—60%（含液体原料的水分）。小麦粉要求选择富含面筋蛋白，面筋蛋白高则所得到的发酵面团持气能力就强，能使面团膨胀而成为海绵状的结构。发酵时间要看酵母的数量和质量，再参照温度、加水量、辅料等确定。

判断面团发酵成熟度的方法很多，一般可根据眼看、手触、鼻嗅等感官经验来判断。

眼看:用肉眼观察面团的表面已出现略向下塌陷的现象,则表示已发酵成熟。

手触:将手指从面团顶部轻轻插入面团内部,再将手指按原路拔出,如果面团不向凹处塌陷,被压凹的面团不立即恢复原状,仅在面团的凹处四周略微向下落,则表示面团已发酵成熟;如果面团的凹处很快恢复原状,表示面团发酵不成熟;如果面团的凹处随手指离开很快陷落,表示面团发酵过度。

手拉、鼻嗅:拉开面团时,有适度的弹性和伸展性,并有薄膜包着无数的微小气泡,表面干燥度适当,气泡大小、膜的厚薄、纤维的粗细适当,用鼻嗅之有酒醇味和略有酸味,表示面团发酵成熟。

三、器材与食品原料

1. 器材。

(1) 面盆。

(2) 刀与砧板。

(3) 蒸笼。

(4) 屉布。

(5) 煮锅。

2. 食品原料。

(1) 面粉。

(2) 泡打粉。

(3) 蔗糖。

(4) 温水。

(5) 干酵母。

四、实验操作

1. 和面。

(1) 洗净双手与面盆。在面盆中放入干酵母 3 g、泡打粉 5 g、糖 20 g 和温水 250—300 g(根据需要适量增减),用手搅拌均匀。

(2) 将面粉 500 g 倒入面盆中,用手搅拌成面穗状。

(3) 一只手用力蹭盆的边壁,直到盆边壁无黏着的面块为止。

(4) 搓双手至无黏着面块为止,双手用手腕的力量反复挤压面块,至面团柔软光滑。和面工序要做到三光,即盆光、手光、面光。

2. 面团发酵。

将和好的面揉光滑,盆底撒上一层薄薄的干面粉,把揉好的面团放在盆中,用一块湿布盖上,放置温暖处(25—28 ℃)大约 1 h。如果温度低于 25 ℃,发酵时间要延长。面团发至两倍大,用手抓起一块面,内部组织呈蜂窝状,发酵完成。

3. 制形。

(1) 把发好的面连同面盆一起端上面板,把面倒在案子上,用手抓少量干面蹭面盆内底至干净为止,蹭下来的面与大块面放在一起。

(2) 把面揉成长圆柱形,左手把住面块右头,以四个手指头并拢的宽度为准,左手左移,用刀切下一块,依次左移,用刀等分的切成小块。

(3) 将切好的小块稍加整理,成方块状,或者整理成圆形。

(4) 码好一块块面块,注意用布盖好,放置 10—30 min。

4. 上屉蒸熟。

(1) 蒸锅加入适量凉水,在蒸笼中铺上湿屉布或油纸,将整理好的馒头放在屉布上,要有一定间隔。

(2) 盖上蒸笼,蒸煮 30 min 左右,时间到后关火,不要立即打开锅盖,闷上几分钟后才打开。

5. 注意事项。

(1) 如果节省时间,也可以将整理好的馒头按一定间隔放在屉布上,用小火保温(30 ℃)发面 30 min,然后加大火力蒸煮 20 min 即可。

(2) 馒头形状不拘,可方可圆,也可发挥想象力,捏成各种动物形状。但不宜太大,太大不容易蒸熟。

(3) 用凉水蒸煮,使馒头能缓慢均匀加热,更加膨化柔软。

(4) 蒸煮时间一般为 30 min,判断生熟方法:一是用手轻拍馒头,有弹性即熟;二是撕一块馒头的表皮,如能揭开皮即熟,否则未熟;三是用手指轻轻压一下能够反弹复原,而无塌陷,即熟。

(5) 蒸好后不要立即打开锅盖,否则突遇到冷空气,可造成馒头塌陷,凹凸不平。

(6) 可用全麦面粉或者添加荞麦面,制作粗纤维含量高的馒头。也可以加菠菜汁,制作绿色馒头;加红萝卜汁,制作红馒头;加玉米粉,制作黄色玉米馒头等。

五、思考题

1. 简述馒头制作步骤及其时间,对馒头进行感官评价。
2. 酵母发酵在馒头制作过程的作用是什么?
3. 如何鉴别面团发酵是否成熟?
4. 简述馒头制作的配方。

实验三十五　毛霉分离与豆腐乳制作技术

一、实验目的

1. 学会毛霉的分离和纯化办法。

2. 了解豆腐乳制作原理。

3. 学会豆腐乳发酵的工艺过程。

二、实验原理及应用

豆腐乳是我国传统的发酵食品,是豆腐经过毛霉前期发酵及其盐腌后期发酵而制成的,具有品种多样、风味独特、滋味鲜美、营养丰富等特点。

毛霉在豆腐坯上生长,洁白的菌丝可以包裹豆腐坯使其不易破碎,同时分泌出一定数量的蛋白酶、脂肪酶、淀粉酶等水解酶系,对豆腐坯中的大分子成分进行初步的降解。发酵后的豆腐毛坯经过加盐腌制后,有大量嗜盐菌、嗜温菌生长。由于这些微生物和毛霉所分泌的各种酶类的共同作用,大豆蛋白逐步水解,生成各种多肽类化合物,如降血压肽和抗氧化活性肽,并可进一步生成部分游离氨基酸;大豆脂肪经降解后生成小分子脂肪酸并与添加的酒类中的醇合成各种芳香酯;大分子糖类在淀粉酶的催化下生成低聚糖和单糖,形成细腻、鲜香的豆腐乳特色。

三、器材与试剂

1. 器材。

(1) 培养皿。

(2) 500 mL 的三角瓶。

(3) 接种针。

(4) 小笼格。

(5) 喷枪。

(6) 小刀。

(7) 带盖广口瓶。

(8) 显微镜。

(9) 恒温培养箱。

2. 试剂。

(1) 马铃薯葡萄糖琼脂培养基(PDA)。

(2) 石炭酸。

3. 食品原料。

(1) 豆腐坯。

(2) 红曲米。

(3) 面曲。

(4) 甜酒酿。

(5) 白酒。

(6) 黄酒。

(7) 无菌水。

(8) 食盐。

4. 菌种:毛霉斜面菌种。

四、实验操作

1. 毛霉的分离。

(1) 配制 PDA 培养基。配制马铃薯葡萄糖琼脂培养基(PDA),灭菌后,倒平板备用。

(2) 毛霉的分离。从长满毛霉菌丝的豆腐坯上取一小块于 5 mL 无菌水中,振荡制成孢子悬液,用接种环取该孢子悬液在 PDA 平板表面划线分离,于 20 ℃培养 1—2 d,以获取单菌落。

(3) 菌种鉴定。

① 菌落观察:菌落呈白色棉絮状,菌丝发达。

② 显微镜检:于载玻片上加 1 滴石炭酸溶液,用解剖针从菌落边缘挑取少量菌丝于载玻片上,轻轻将菌丝分开,加盖玻片,置显微镜下观察孢子囊、孢囊梗的着生情况。若无假根和匍匐菌丝或菌丝不发达、孢囊梗直接由菌丝长出、单生或分枝,则可初步确定为毛霉。

2. 豆腐乳的制备。

(1) 悬液制备。

① 毛霉菌种的扩大培养:将平板分离得到的毛霉单菌落接入斜面培养基,于 25 ℃培养 2 d;再将斜面菌种转接到三角瓶种子培养基中,在同样温度下培养至菌丝和孢子生长旺盛,备用。

② 孢子悬液制备:在上述三角瓶种子培养基中加入无菌水 200 mL,用玻璃棒搅碎菌丝,用无菌双层纱布过滤,滤渣倒还三角瓶,再加 200 mL 无菌水洗涤 1 次,合并滤于第一次滤液中,装入喷枪贮液瓶中供接种使用。

(2) 接种孢子。

用刀将豆腐坯划成 4.1 cm×4.1 cm×1.6 cm 的小块，将笼格经蒸汽消毒、冷却，将孢子悬液喷洒于笼格内壁，然后把划块的豆腐坯均一放在笼格内，块与块间隔 2 cm。再用喷枪向豆腐块上喷洒孢子悬液，使每块豆腐坯四周沾上孢子悬液。

(3) 培养与晾花。

将放有接种豆腐坯的笼格放入培养箱中，于 20 ℃左右培养，培养 20 h 后，每隔 6 h 上下层调换一次，以更换新鲜空气，并观察毛霉生长情况。培养 44—48 h 后，菌丝顶端已长出孢子囊，腐乳坯上毛霉呈棉花絮状，菌丝下垂，白色菌丝已包围豆腐坯，此时将笼格取出，使热量和水分散失，坯迅速冷却，其目的是增加酶的作用，并使霉味散发，此操作在工艺上称为晾花。

(4) 装瓶与压坯。

将冷却至 20 ℃以下的坯块上互相依连的菌丝分开，用手指轻轻在每块表面揩涂一遍，使豆腐坯上形成一层皮衣，装入玻璃瓶内，边揩涂边沿瓶壁呈同心圆方式一层一层向内摆放，摆满一层稍用手压平，撒一层食盐，每 100 块豆腐坯用盐均 400 g，使平均含盐量约为 16%，如此一层层铺满瓶。下层含盐用量少，向上食盐逐层增多，腌制中盐分渗入毛坯，水分析出。为使上下层含盐均匀，腌坯 2—3 d 时需加盐水淹没坯面，称之为压坯。腌坯周期冬季 13 d，夏季 8 d。

(5) 装坛发酵。

① 红方：按每 400 块坯用红曲米 32 g、面曲 28 g、甜酒酿 1 kg 的比例配制染坯红曲卤和装瓶红曲卤。先用 200 g 甜酒酿浸泡红米和面曲 2 d，研磨细，再加 200 g 甜酒酿调匀，即为染坯红曲卤。将腌胚沥干，待坯块稍有收缩后，放在染坯红曲卤内，六面染红，装入经预先消毒的玻璃瓶中。再将剩余的红曲卤用剩余的 600 g 甜酒酿兑稀，灌入瓶内，并加适量盐和 50°白酒，加盖密封，在常温下贮藏 6 个月成熟。

② 白方：将腌坯沥干，待坯块稍有收缩后，将按甜酒酿 0.5 kg、黄酒 1 kg、白酒 0.75 kg、盐 0.25 kg 混合配制的汤料注入瓶中，淹没腐乳，加盖密封，在常温下贮藏 2—4 个月成熟。

(6) 质量鉴定。将成熟的腐乳开瓶，进行感官质量鉴定与评价。

五、思考题

1. 如何从腐乳的表面及断面色泽、组织形态(块形、质地)、滋味及气味、有无杂质等方面综合评价腐乳质量。

2. 腐乳制作中毛霉作用是什么?

3. 腐乳制作过程中，逐层撒盐腌胚主要起什么作用?

图书在版编目(CIP)数据

食品专业基础实验/范俐主编. —上海：复旦大学出版社，2020.3
(复旦卓越. 应用型教材系列)
ISBN 978-7-309-14915-9

Ⅰ. ①食…　Ⅱ. ①范…　Ⅲ. ①食品科学-实验-高等学校-教材　Ⅳ. ①TS201-33

中国版本图书馆 CIP 数据核字(2020)第 036785 号

食品专业基础实验
范　俐　主编
责任编辑/方毅超　李　荃

复旦大学出版社有限公司出版发行
上海市国权路 579 号　邮编：200433
网址：fupnet@fudanpress.com　http://www.fudanpress.com
门市零售：86-21-65642857　团体订购：86-21-65118853
外埠邮购：86-21-65109143
上海崇明裕安印刷厂

开本 787×1092　1/16　印张 9　字数 171 千
2020 年 3 月第 1 版第 1 次印刷

ISBN 978-7-309-14915-9/T·666
定价：36.00 元